基于深度学习的医疗影像分析模型研究

金强国　苏　苒　郭　菲
郑江滨　周林宽　　著

U0382062

西北工业大学出版社

西　安

图书在版编目（CIP）数据

基于深度学习的医疗影像分析模型研究／金强国等著.—西安：西北工业大学出版社，2024．7.— ISBN 978－7－5612－9386－7

Ⅰ．R445－39

中国国家版本馆 CIP 数据核字第 2024LS6069 号

JIYU SHENDU XUEXI DE YILIAO YINGXIANG FENXI MOXING YANJIU

基于深度学习的医疗影像分析模型研究

金强国　苏苒　郭菲　郑江滨　周林宽　著

责任编辑：朱晓娟		策划编辑：黄　佩	
责任校对：张　友		装帧设计：高永斌　李　飞	
出版发行	西北工业大学出版社		
通信地址	西安市友谊西路 127 号	邮编：710072	
电　话	(029)88491757，88493844		
网　址	www.nwpup.com		
印 刷 者	西安五星印刷有限公司		
开　本	710 mm×1 000 mm	1/16	
印　张	12.5	彩插：6	
字　数	231 千字		
版　次	2024 年 7 月第 1 版	2024 年 7 月第 1 次印刷	
书　号	ISBN 978－7－5612－9386－7		
定　价	62.00 元		

如有印装问题请与出版社联系调换

前　言

医疗影像是当前医学研究、诊疗和分析中必不可少的数据来源,可以从多个角度和维度显示患者的生理和病理信息。但是由于医疗影像的信息多且杂,部分影像维度较高,所以给医生和医学研究者带来了巨大挑战。随着科学技术的发展,医疗影像分析技术得以不断更新、迭代,近年来已经取得了不错的进展。将深度学习方法应用到医疗影像分析的计算机辅助诊断方法已经成为人工智能与医学领域的研究热点。

针对当前深度学习在医疗影像分析应用中存在的挑战,本书从三个角度展开,即医疗影像中高精度的分析要求、数据量稀缺问题以及数据中存在域漂移问题。

本书的主要内容如下:

第 1 章介绍基于深度学习的医疗影像分析的研究背景以及本书的主要研究内容。

第 2 章以深度学习主流网络架构和本书相关技术及相关文献综述为主线,简要介绍本书涉及的相关技术和方法。

第 3～5 章针对医疗影像中高精度的分析要求,分别从有效利用已有标注数据中多任务知识,有效利用肿瘤不规则形状,有效利用患者年龄、性别和身体质量指数等多模态信息三个角度研究如何进一步提高深度学习模型的诊断与分析精度。

第 6～8 章针对数据量稀缺问题,分别从利用分层网络架构的隐藏特征空间中扰动、利用已标注和未标注数据和综合利用跨中心数据三个角度研究如何解决医学影像数据稀缺的问题。

第 9 章针对数据中存在维度信息丢失问题,从有效利用三维数据的角度出发,面向如何生成大量多样化数据辅助医学图像分割问题展开研究。

第 10 章针对本书的研究内容,总结本书涉及的基于深度学习的医疗影像分析方法,并对未来在该领域的研究方向进行展望。

本书以深度学习在医疗影像分析中的应用为研究目标,深入探讨医学影像中分析精度要求高、数据稀缺,以及存在域漂移的问题,提出相应的解决方案,并通过实验论证本书所提出算法与模型的有效性。本书的研究内容缩小了深度学习理论与医学影像分析实践之间的差距,能够对使用深度学习算法解决医学影像处理问题起到一定程度的指导作用。同时,也能够为计算机辅助临床应用提供一定的参考价值。

本书内容由易到难,由浅入深,各个章节之间相互独立,同时又遵循相同的主线,既适合对深度学习和医疗影像分析感兴趣的读者作为拓展读物,也能为深度学习医疗影像分析的研究者提供思路和启发。

本书由西北工业大学软件学院金强国、苏苒、郭菲、郑江滨和周林宽共同撰写,感谢施锐、王滋翔、郑贤瑶等硕士研究生搜集资料和认真阅读书稿每一章,并提出修改和修正意见。在撰写本书的过程中,曾参考了相关文献资料,在此谨对其作者表示感谢。

由于水平有限,因此书中难免有欠妥之处,恳请各位读者和相关领域的专家、学者拨冗、批评、指正。

著　者
2024 年 4 月于西安

目　　录

第1章 绪　　论

1.1　研究背景和意义

1.1.1　研究背景

随着医学成像(Medical Imaging)设备的迅速发展,电子计算机断层扫描(Computed Tomography,CT)、磁共振成像(Magnetic Resonance Imaging,MRI)、正电子发射计算机断层显像(PET)、超声成像(Ultrasound)、X射线成像(X-ray Imaging)、病理图像(Pathological Image)已成为临床医生诊断疾病比较重要的辅助图像,如图1-1所示。

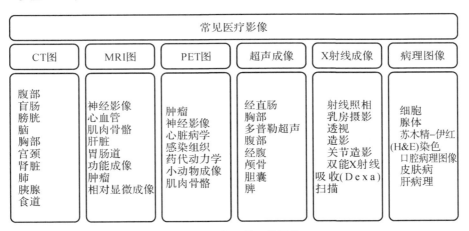

图1-1　常见的医学图像

由于成像机理不同,多模态医疗影像提供的信息也不同。例如:

(1)虽然CT影像能提供清晰的骨性组织结构,但是,对于软组织和病灶影像,CT 影像并不能够清晰地显示。

（2）MRI 不能提供骨性组织解剖结构影像,组织器官之间的空隙和外部磁场的变化也容易导致伪影。MRI 具有多种成像序列,这使得分析 MRI 影像变得更加复杂。此外,相比于 CT 图像,MRI 的获取时间较长,且一般情况下很难得到质量统一的图像。

（3）PET 图像缺少组织器官的解剖学结构,其分辨率往往低于 CT 和 MRI。

（4）X 射线图像不显示人体组织器官的三维空间信息,同时,由于二维图像限制,所以会导致影像重叠,这给自动诊断带来了非常大的困难。

在实际应用中,上述成像方式虽然各有利弊,但都可对人体不同器官进行医学检查。

医学成像一直是计算机辅助临床实践中的有效诊断方式。当前,医学影像分析应用的领域有影像分割、疾病诊断、异常检测、影像校准等。其中,医学影像分割是相对较难的任务。为了帮助临床医生进行准确的诊断,对医疗影像中的一些关键对象提取特征并进行分割是非常有必要的。医疗影像分割是基于特定标准（即像素集或某些固有特征,例如颜色、对比度和纹理）将图像划分为多个非重叠区域的过程,其目的是使得图像中的病理结构愈发清晰。由于诊断效率和准确性的提高,所以医疗影像分割通常在计算机辅助诊断（Computer Aided Diagnosis,CAD）和智能医学中起到了关键性的作用。然而,从医疗影像中自动分割出器官/组织是个艰巨的任务,这是由于医疗影像具有复杂性高且缺少简单线性特征的特点。此外,部分容积效应、不均匀的灰度、伪影、不同软组织间具有较高灰度相似性等因素也会影响对器官/组织进行分割的准确度。比较流行的医学图像分割任务包括肝和肝肿瘤分割、脑和脑肿瘤分割、视盘分割、细胞分割、肺分割和肺结节分割等。医疗影像分割的早期方法通常由阈值化（Thresholding）、区域生长（Region Growing）、聚类（Clustering）、边缘检测（Edge Detection）、模板匹配技术（Template Matching Techniques）、统计形状模型（Statistical Shape Models）、活动轮廓模型（Active Contours）、图割（Graph Cut）以及机器学习（Machine Learning）组成。传统特征提取算法设计复杂、应用范围有限、稳定性较差,以及多样性和泛化性较弱,这些大大地限制着医疗影像处理技术的发展。

近年来,深度学习（Deep Learning,DL）广泛用于计算机视觉、自然语言处理和语音分析等研究领域。迄今为止,深度学习方法中最成功的一种是卷积神经网络（Convolutional Neural Networks,CNN）。卷积神经网络的研究工作,其实在 20 世纪 70 年代末就已经开始,直到 90 年代末才出现第一个成功的应用。尽管有了这些初步的研究成果,但是受限于计算机硬件的发展等因素,卷积神经网络并没有很广泛地用起来。2012 年,Krizhevsky 等人用 AlexNet 参加了 ImageNet 比赛并赢得了冠军,才加速了神经网络的发展。在随后的几年里,许多更深、更高效的神经网络被设计出来。深度学习方法特别适用于需要人类手工去分析大量数据的场景,其作为机器学习和模式识别的工具也已成为医学图像分析领域的重要组成部分。近年来,基于深度学习的语义和实例分割算法在医学图像分割领域取得了显著的成就。例如,Olaf 等人提出的 U-Net(U 形网络)是基于全卷积的一种语义分割网络,适合医学图像分割。因为 U-Net 在医学图像分割领域的优秀表现,所以其已经成为许多医学影像处理语义分割任务的基本框架,同时它也启发了大量的研究者对 U 形网络①的探索。深度学习方法的主要优势在于,它可以允许模型从原始图像中直接学习和表示复杂的特征。这使研究者能够开发不依赖于手工提取特征的模型,而其他传统研究方法通常需要手动提取这些特征。与传统方法相比,深度学习方法可以从医学图像中提取高密度的信息,并且极大地提高模型性能。

尽管如此,目前深度学习方法在医疗影像方面的应用中仍然存在许多难题。例如:医疗影像处理对于模型的精度要求极高;数据的特点限制了模型的分割性能;单一模态数据训练的模型达不到人们的要求;未标记数据之间的不一致;扫描成本高和患者隐私性差等问题使得带标注的医疗数据较少;不同的医疗设备会生成难以检测的噪声,影响深度学习模型的性能。上述难题是深度学习方法应用于医疗影像分割问题中亟须解决的。

下文将详细论述这些亟须解决的难题:

(1)在医学影像分割问题中,对分割精度的要求极高。然而,由于噪声变化大、灰度的不均匀以及灰度高度连续性等原因,所以模型精度受到了极大的影响。具体来说,医疗图像中属于同一个组织或者器官的灰度值是连续变化的,该器官或者组织相应区域中的二维像素(或者三维体素)具有部分容积效应。然而,这种区域中的二维像素(或者三维体素)往往被当作是混合的组织或者器官。自然图像中的语义分割往往不需要进行多分类,只需要对病灶或器官进行分割即可。然而,医学影像所需的分割精度要求较高,同时稳定性要求也很高,这对深度学习模型提出了严格的要求。因此,在相关的深度学习模

---

① https://github.com/ShawnBIT/UNet-family.

型研究时:第一步往往是对图像数据进行预处理,一种优秀的预处理方法往往对模型精度的提升效果显著;第二步便是搭建相关神经网络模型,在模型达到特定精准度之后,调整相应的超参数来提高模型精度。

(2)在医学影像分割问题中,模型对数据集的质量敏感度较高。具体来说,肿瘤和周围组织之间的低对比度以及不规则的肿瘤形状都会限制自动分割方法的使用性能。然而,大部分方法对模型架构的设计和数据集处理算法设计都没有针对数据集的这一特点考虑,因此不能取得较好的分割效果。尽管自然图像的语义分割任务也存在数据对比度低以及形状不规则等问题,但医学图像分割任务的数据在这两方面的问题更严重,这也对医学图像分割模型提出了更高的要求。

(3)使用单一模态数据训练的医学图像模型在部分场景下效果良好,但在更广泛、更深入的领域仍然难以取得令人满意的效果。具体来说,单一模态的数据获取难度较低,因此数据集资源较为丰富。但在此背景下训练的单模态医学图像模型不仅应用范围小,而且鲁棒性弱,对输入数据的要求过高。因此,如何有效利用患者年龄、性别、体育活动和身体质量指数等多模态信息,实现一个能够接收多模态数据、处理多模态信息以及输出指定结果的模型是一个亟待解决且难度较大的问题。

(4)从医学图像中准确分割目标区域是计算机辅助诊断中一项重要但具有挑战性的任务。利用大量标注数据,深度学习方法在组织学图像分割任务中取得了最先进的性能。医学图像分析中的一个挑战性的问题是数据密集型深度学习模型需要高质量和大量注释良好的数据。然而,对于具有领域知识的专家来说,获取注释良好的数据是一项耗时且费力的任务。要解决这一问题,就需要半监督学习的方法来同时从有限数量的标记数据和未标记数据中学习。然而,标记数据和未标记数据之间的一致性以及未标记数据之间的一致性严重影响着半监督模型的性能。因此,处理和利用数据之间的一致性有着巨大的研究意义。

(5)扫描成本高、患者隐私性差、标注困难等问题导致难以大量拥有良好标注的医疗数据。在深度学习方法中,大数据"喂养"出来的模型通常具有更好的性能。在计算机视觉任务中,带有注释的数据集是相对容易获得的,如ImageNet[①](超过 1 400 万张带标签的图像)和 COCO[②](超过 20 万张带有注

---

① http://www.image-net.org/.

② http://mscoco.org/.

释的图像),但对医疗影像来说,即使是一些非常流行的公开数据集,数据量与自然图像数据量相比也不在一个数量级上。例如,ChestX-ray14 和 DeepLesion 包含超过 10 万个标签的医学图像,但大多数医疗影像数据集仅包含数千甚至数百个带标签的数据。造成这种窘况的原因如下:首先,医学图像数量通常较少,这种现象主要是由于医疗影像数据集收集成本很高,同时又受到患者隐私、伦理道德等因素的限制,使得医疗影像的数据少之又少。其次,不同于自然图像,医学图像的标注者需要具有一定领域的知识,往往高质量的医学图像标注比获取医学图像所需的成本更高,因此,在通常情况下,医学图像数据集只带有部分的注释,这些注释包括分类标签(例如,良性或恶性肿瘤)、病变区域的分割金标准等。最后,对于一些罕见的疾病来说,很少能够收集到足够多的样本,这就导致了数据不平衡的现象。综上所述,由于缺乏大量完善注释的医学数据,所以深度学习模型很容易出现过拟合现象。这些深度模型在训练数据集上表现得非常优秀,但在处理来自新域的数据时表现不佳。针对这种情况,现有的医学图像研究采用了例如降低网络的复杂性、使用正则化技术或使用数据增强策略等策略去解决过拟合问题。但是,从本质上讲,降低模型复杂性和使用数据增强技术都只聚焦于特定数据集上的目标任务,并没有在深度学习模型的层面上做任何改动。因此,针对既有的少量标签数据有着至关重要的研究意义。

(6)医学影像来源于不同的医疗设备,但由于相关标准、设备性能不统一,所以获取的医疗影像的数据分布会不同,同时数据中会包含独特且难以检测的噪声。这些将导致深度学习模型只适用于特定设备扫描出来的数据,这种模型的泛化能力较弱,容易从不同扫描设备的图像中提取出错误的特征,该现象称为域漂移。因此,域漂移问题会对模型的精准度造成影响,这也使得模型难以应用到不同型号的设备上。

综上所述,基于深度学习的医疗影像分割模型研究,对于解决实际问题有着重要的意义,同时也存在诸多尚未解决的难题。本书以医疗影像分割为研究目标,主要针对前述难题展开研究:其一,研究当拥有不同但相关联任务的知识时,如何有效地利用多任务信息提高图像诊断与分割的精度。其二,在待分割区域形状不规则的情况下,如何设计具有形状感知功能的分割网络。其三,在单一模态数据表现不佳的情况下,如何利用多模态数据设计和训练性能和鲁棒性强的深度神经网络模型。其四,在未标记数据的不一致和不确定的场景下,如何设计能够对分层深层网络架构的隐藏特征空间中的扰动建模的深度神经网络模型。其五,在医疗影像数据量稀缺的情况下,如何设计拥有对未标记数据学习能力的深度学习算法。首先,针对不同医疗设备扫描下产生的数据域漂移问题进行研究,提出有效的域适应算法,增强模型的鲁棒性。其次,为了增强医疗影像分割数据,研究如何合成多样化的训练样本以提高深度学习分割模型性能。针对上述解决方案,笔者处理了用于验证所提出算法的不同模态医学影像数据。本书在深度学习理论方面具有一定的研究意义。同时,对于使用深度学习来建模并解决实际医疗影像分割问题,具有重要的指导意义。

1.1.2 研究意义

医疗影像是医学诊断和治疗过程的关键部分。通常,放射科专家会检查所采集的医学影像并撰写相关发现的总结报告。外科医师将结合医疗影像和放射科专家的报告制订相应的诊断和治疗计划。由于人类的主观性,所以不同专家针对医疗影像的解读会有差异。此外,由于人类疲劳程度受到工作强度影响,所以高强度工作下的医生对影像的解读速度和效率将会大大受到限制。在过去的几十年中,医疗影像的采集技术得到了极大的提高,设备的采集速度也得到了大幅度的提高。1990 年,一台 CT 扫描仪每次可以获取 50～100 个切片,而如今的 CT 扫描仪可以在每次扫描中获取 1 000～2 500 个切片。由于数据量日趋增多,放射科医生审查影像的时间越来越短,会导致遗漏部分审查结果,延长了审查时间,减少了对结果的定量分析。因此,这极大地限制了医学界朝着个性化医疗发展的能力。

深度学习之类的人工智能工具可以通过自动对医疗影像分析为医生/专家提供计算机辅助。利用深度学习等人工智能技术,可以开发包括疾病诊断、恶化程度量化等功能的自动化医疗影像分析工具,其中自动化医疗影像分割在影像诊断中大有用处。自动分割能帮助医生确认病变肿瘤的尺寸,作为量化疾病恶化程度的前置工作,定量评估治疗前后的效果,辅助医师提供决策依据。此外,这项技术还可以扩展医生/专家的能力,例如追踪病情。由于病情随着时间变化,所以其扫描的三维 CT,MRI 影像序列也将产生变化。然而,这意味着需要对器官和病灶进行逐切片分割,如果单纯靠医生/专家手工分割,那么会给医生/专家带来额外繁重的工作。

因此,通过深度学习等人工智能算法,借助于高性能并行计算技术的发展、日益改善的医疗影像质量与不断增长的医疗图像数据,基于深度学习的医疗影像分割将大有可为。本书为深度学习在医疗影像分割诊断中提供了借鉴意义和指导意义,为技术驱动下迅速提高基层医生的诊疗水平做出了一定的贡献。

1.2 主要研究内容

本书将主要针对深度学习方法在医疗影像中所涉及的一系列具体问题以及存在的局限性进行讨论,深入论述并分析它们产生的原因,以及可能造成的影响,并提出相应的解决方法。本书可为临床医学中各种重大疾病的筛查、诊断、治疗计划、疗效评估和随访提供科学方法和先进技术。本书从六个层面探讨深度医疗影像分割过程中存在的挑战,提出七种对应的解决方法,并分别在书中的第 3~9 章进行详细的论述。本书的具体研究工作与创新点总结如下:

(1)针对医学影像处理精度要求极高的挑战,本书将提出高精度要求下的级联知识传播分割算法。多任务学习方法需要昂贵的注释来进行医疗影像分析,而单任务驱动的模型无法充分利用潜在的知识。针对这些问题,本书将提出一个级联知识传播网络,以传输和聚合从不同任务中学到的知识,先提高诊断的准确度,最终提高分割的性能。级联知识传播网络由一系列的粗略分割、分类和精细分割子网络组成。本书将设计两个新颖的特征融合(Entangle-Cls 和 Entangle-Seg)模块,分别用于分类和分割。Entangle-Cls 模块汇总了初始分割后的级联特征,以促使分类网络关注与疾病相关的图像区域。Entegle-Seg 模块集成了从分类中学到的级联上下文知识,从而可以进行精细的分割,尤其针对不确定的边界。特征融合模块可以自适应地控制从一项任务传播到另一项任务的知识,与其他多任务方法相比,可避免对不同学习任务权重的经验性选择。

(2)针对待分割区域形状不规则的挑战,本书将提出一种新的可插拔形状感知对比深度监督网络(SCDSNet)。首先,SCDSNet 具有形状感知正则化来集成与形状相关的特征,其中笔者通过引入额外的形状头来正则化形状感知约束,从而保留分割掩码的完整形状。其次,SCDSNet 具有体素到体素对比深度监督策略,以增强肿瘤与邻近区域之间的对比度。笔者在解码阶段将通过难样本选择增强边界附近的体素级约束,并结合深度监督策略,实现模型对待分割区域的自适应分割。

(3)针对单一模态数据表现不佳的挑战,本书将提出一种基于多模态对比学习(MM-CL)的新方法。该方法可结合髋部 X 射线图像和临床参数进行骨骼肌减少症的筛查。本书的方法通过非局部类激活映射(CAM)增强捕捉远程信息,通过视觉-文本特征融合探索视觉-文本特征的相关性,并通过辅助对比表示提高模型的特征表示能力。非局部 CAM 增强使网络能够捕捉全局远程信息,并协助网络集中在由 CAM 生成的语义重要区域上。视觉-文本特征融合鼓励网络提高多模态特征表示能力。辅助对比表示利用无监督学习,从而提高其在高级潜在空间中的区分表示能力。

(4)针对未标记数据的不一致和不确定的挑战,本书将提出一种基于平均教师的分层一致性执行(HCE)框架用于组织学图像分割。HCE 架构由三个主要组件组成:用于半监督分割的基本教师-学生模型,用于在训练期间强制分层一致性的 HCE 模块,以及分层一致性损失(H-loss)函数。HCE 模块旨在通过对编码器中分层隐藏特征空间的扰动进行建模来提高学生模型的学习能力。HC-loss 由可学习的分层一致性损失和自引导的分层一致性损失函数组成。可学习的层次一致性损失鼓励教师模型为学生模型提供更准确的指导。自引导层次一致性损失惩罚学生模型中主解码器和辅助解码器之间不一致的预测。

(5)针对扫描成本和患者隐私等问题使得医疗数据稀缺,本书将提出基于有限标注数据的半监督分割算法。该方法主要论述在需要领域专业知识的医疗影像分割应用中,获取像素级注释通常较困难。教师-学生模型使用半监督学习方法解决这一问题。但是,现有方法忽略了学生模型中的内部不确定性,同时,教师模型并不总是可以取得比学生模型更好的性能。本书为了解决这些问题:首先,提出一种伪标签引导下的特征聚合网络,其包含多尺度多阶段的特征聚合模块和伪标签引导下的特征增强模块,用以加强监督学习;其次,提出一种新颖的可学习不确定性的正则化方法,以测量和约束教师-学生模型间和教师-学生模型内的不一致。

(6)针对医学影像来源于不同医疗设备,数据之间存在域漂移的问题,本书将提出基于域适应自矫正的分割算法。该方法主要论述未知域的泛化能力对于深度学习模型的高度重要性。当前可用的医疗影像数据集感染/损伤/病变区域具有很大的偏差,同时不同医院的数据存在着域漂移问题。为了解决这个问题,本书从理论上提出一种先验知识驱动下的域适应和双域增强自矫正学习模式。基于该新颖的理论,本书将提出一种基于域适应的自矫正分割算法。该算法包含一个新颖的注意力和特征域增强域适应模型,也用于解决域漂移问题,以及一种双域增强的自矫正学习算法,用于调整并优化分割结果。域适应模型中的创新包括用于凸显异常的 CAM 注意力提取器和层级特征域对齐的判别模块。本书所提出的自矫正学习算法自适应地聚合所学习的模型和相应的伪标签,将再次利用对齐后的源域和目标域的信息,可减少由伪标签中噪声引起的过拟合,从而可进一步提高模型性能。

（7）出于辅助医疗影像分割目的，本书从合成多样化数据用于强化分割训练的角度提出解决方案，将提出基于更丰富特征的合成算法。该算法主要论述带有注释的医学影像数据不足将导致难以训练和验证深度学习模型，进而不利于精密医学影像分割。本书也将提出一种基于更丰富特征的生成对抗网络。该网络可融合三维膨胀门控卷积、更丰富卷积特征的解码器和混合损失函数。膨胀门控卷积可以辅助网络扩大感知范围。解码器具有新颖的更丰富卷积特征关联分支，可恢复多尺度的卷积特征。混合损失函数旨在加强细节信息，改善优化合成影像。本书将利用多个经典分割模型对合成的肝脏、肾脏肿瘤和肺结节真实性进行综合评估与验证。

1.3　本书的组织结构

图 1-2 展示了本书的研究技术路线图。

本书共 10 章，具体组织结构如下：

第 1 章提出本书的研究背景。首先简单介绍近年来深度学习在医疗影像处理中取得的突破性研究成果，然后论述使用深度学习算法进行医疗影像分割研究中存在的问题以及挑战，最后强调本书研究工作的理论以及实践意义，并介绍本书的研究内容和组织结构。

第 2 章主要介绍本书涉及的基础理论，包括常用卷积神经网络、生成对抗网络等基础概念；介绍部分重要基础算法，包括注意力机制、多尺度学习、半监督学习以及常用损失函数；调研涉及本书的前沿相关工作。本章可为后续章节的研究奠定理论基础。

第 3 章主要对如何有效利用多任务信息提高模型性能展开研究，提出基于高精度要求的级联知识传播分割算法，可有效地提高模型对医疗影像的诊断与分割精度。

第 4 章主要对如何面向不规则形状实现有效感知，提高模型的分割性能展开研究，提出基于形状感知对比的分割算法，可有效地提高模型在特定不规则形状数据上的分割性能。

第 5 章主要对如何有效利用多模态数据提高模型的特征表示能力展开研究，提出基于多模态对比学习的图像检测算法，可有效地提高模型对医疗影像的诊断精度。

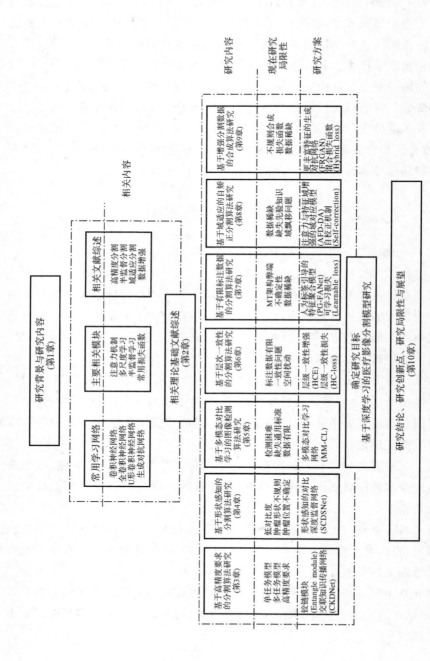

图1-2 研究技术路线图

第 6 章主要对如何基于未标记数据有效利用编码器中分层隐藏特征空间的扰动,提高学生模型的学习能力展开研究,提出基于层次一致性执行的半监督分割算法,可有效地提高模型对未标记数据的处理能力,并提高分割精度。

第 7 章主要对如何有效利用稀缺的医疗影像数据问题展开研究,提出基于有限标注数据的可学习不确定性影像分割算法,可有效地从未标记的数据中学习知识,并极大地降低专家标注数据的工作量。

第 8 章主要对如何处理存在域漂移的数据问题展开研究,提出基于域适应的自矫正分割算法,可为有效利用跨中心数据提供强有力的解决方案。

第 9 章主要对如何为深度分割模型提供多样化的合成数据展开研究,提出基于生成对抗网络的不规则合成算法,可实现利用现有真实数据生成多样化数据,使之能有效地提升深度分割模型的性能。

第 10 章对本书的研究内容进行总结,并对未来的研究方向进行展望。

第 2 章　相关理论基础与文献综述

随着医学成像技术和计算机技术的不断发展和进步,医学影像分析已成为医学研究、临床疾病诊断和治疗中一种至关重要的工具。近年来,深度学习迅速发展成为医学图像分析的研究热点,它能够从二维和三维的医学图像数据中自动提取隐含的疾病特征并对其进行分析。本章首先论述深度学习的基本原理,介绍用于医学图像分割中的主要深度学习技术;然后论述深度学习中常用的模块算法与分割算法常用的损失函数;最后调研与本书相关的最新医疗影像处理工作。

2.1　常用深度学习网络

2.1.1　卷积神经网络

1989 年,LeCun 提出了 CNN,为利用空间结构信息打开新篇章。CNN 具有一定程度的位移、尺度和形变不变性,它可接受二维(Two-dimensional, 2D)或三维(Three-dimensional,3D)图像数据作为输入,捕获图像中的局部信息。CNN 通常是由多个卷积层、池化层、激活层以及全连接层构成的,如图 2-1 所示。卷积层的特点是能感受局部区域上下文信息,共享权值以及下采样。

与传统的固定卷积算子方法不相同,CNN 中卷积层的卷积核具备学习能力。

通常,卷积层具有多个卷积核,该设计是为了提取多个特征映射。给定 k_{ij}^l,它表示第 $l-1$ 层的特征 i 与第 l 层特征 j 之间的权值,卷积层是利用卷积功能在输入图像的不同位置检测其局部特征。卷积操作的形式化表示如下:

$$A_j^l = f\left(\sum_{i=1}^{M^{l-1}} A_i^{l-1} * k_{ij}^l + b_j^{l-1}\right) \tag{2-1}$$

式中：＊ 表示卷积操作；b_j^{l-1} 是偏置量；$f(\cdot)$ 是非线性激活函数；M^{l-1} 表示第 $l-1$ 层的特征数目。由形式化表达可以看出，卷积层 l 中第 j 个特征 A_j^l 是根据与它相邻接的 $l-1$ 层的特征 $A_i^{l-1}(i=1,2,\cdots,M^{l-1})$ 而得。

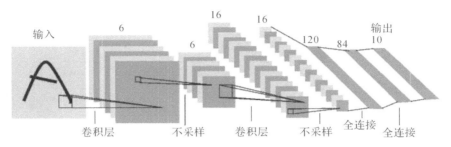

图 2-1　卷积神经网络框架示意图

池化层往往在卷积层后面，它对卷积后的特征进行降采样。具体来说，经过池化层的特征是针对卷积特征的局部感受野计算而得的，该特征为每个神经结点感受野范围内的一个代表性数值，例如最大值或者平均值。一般情况下，池化层中感受野的步长与降采样感受野的大小相等，这就保证了卷积神经网络的平移不变形性。

一般 CNN 的最末端，往往是用于预测分类的全连接层。CNN 的本质是学习一个映射关系，该映射关系将输入与输出建立一个联系。CNN 网络参数的训练算法是反向传播（Back Propagation，BP）算法，利用前向传播计算网络输出，随后计算输出与金标准的误差，使用梯度下降对最小化误差问题寻找最优解，再利用反向传播梯度来继续调整 CNN 模型权重的值。

2.1.2　全卷积神经网络

在早先的深度学习分割模型中，有相当一部分是使用滑窗式的 CNN 分类网络去判断每个像素所属类别。然而，在这种滑窗式分类中，相邻输入图像块之间有一定的重叠，而这将会导致卷积重复计算。针对该问题，Long 等人提出了全卷积神经网络（Fully Convolutional Networks，FCN）。该网络支持像素级分类，极其高效地解决了图像语义像素级别的分割问题。

CNN 的缺点在于提取出的特征向量大小固定，因而会造成不便。而 FCN 吸取了由全连接层导致特征向量大小固定的经验，利用卷积和点积这种线性算子的可互换表示的特点，使用卷积/反卷积层替换了全连接层，这就促使网络支持任意大小和像素的输入图像。FCN 的网络结构如图 2-2 所示。

FCN 模型的训练也是支持端到端的。如图 2-2 所示,FCN 在编码器部分训练同 CNN 一致,由于全连接层由 1×1 卷积层代替,所以特征图大小具有灵活性,然后利用反卷积层在最终输出的特征图上采样,恢复到输入图像的原始尺寸,最终利用原始图像的分割金标准,对每个像素的预测值计算误差并进行反向传播操作。

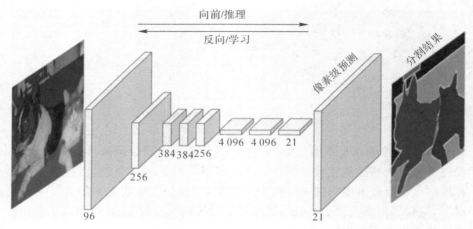

图 2-2　全卷积神经网络框架示意图

FCN 避免了由 CNN 全连接层带来的特征向量大小固定的问题。由于不需要逐图像块计算,所以它保留了原始图像里的空间信息。此外,FCN 与分割金标准的每个像素进行比对,能够获得像素到像素的语义分割结果。然而,这种方式取得的分割结果由于没有融合浅层特征和高层抽象特征,最终的预测图像有时候不具备高精准度,所以不适合医疗影像分割任务,需要进一步对 FCN 进行改造。

2.1.3　U 形卷积神经网络

由于 FCN 有时候不具备较高的精准度,并不适合医疗影像分割任务,所以 Ronneberger 等人在 FCN 思想基础上,提出了 U 形网络(U-Net),如图 2-3 所示。U-Net 采用对称的上采样和下采样层。另外,对应编码器和解码器之间架设了跳跃连接,以融合浅层特征和高层特征。与基于图像块的 CNN 和基于像素的 FCN 相比,这种 U 形网络的优势在于可以关注到整个图像的上下文信息。U 形网络在医疗影像中卓越的分割性能,越来越多的研究者对多种 U 形网络的变体进行了研究[①]。

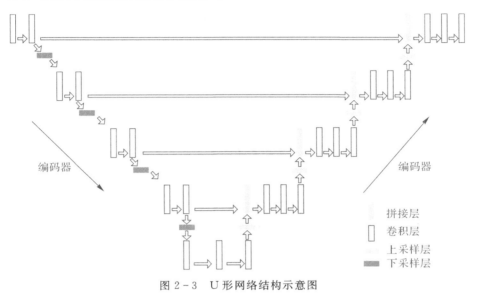

编码器

编码器

拼接层
卷积层
上采样层
下采样层

图 2-3 U 形网络结构示意图

2.1.3.1 U-Net

U-Net 提出了对称结构和跳跃连接这两大创新点,解决了 FCN 网络的问题。由于医学影像通常包含大量噪点和模糊的边界等特点,所以仅根据图像浅层特征来检测和识别医学图像中的组织和器官是非常困难的。同时,由于医疗影像本身问题导致图像细节信息的缺乏,所以仅依赖于图像语义特征来获得准确的边界也是不切实际的。而 U-Net 通过跳跃连接将低层和高层特征图结合起来,有效地融合了两种图像特征,这便成了医学图像分割任务首选的解决方案。

2.1.3.2 3D U-Net

另一个相似方法是将 U-Net 扩展到三维。实际上,由于大多数医学数据(例如 CT 和 MRI 图像)都是三维的,所以使用三维卷积核可以更好地挖掘数据的高维空间相关性。受此想法的启发,Iek 等人将 U-Net 扩展到三维数据的应用,并提出了直接处理三维医学数据的 3D U-Net。由于计算资源的限

---

① https://github.com/ShawnBIT/UNet-family.

制,3D U-Net 仅包含三个下采样,所以 3D U-Net 无法有效地提取深层图像特征,从而导致医学图像的分割精度受到限制。基于此,Milletari 等人利用残差连接,提出了一种类似 U-Net 的体系结构 V-Net(V 形网络)。残差连接可以避免梯度消失并加速网络收敛,因此易于设计更深的网络结构。此外,Milletari 等人还设计了基于分割评估指标的筛子系数(Dice)作为目标函数,使之更适用于三维医学图像分割。

2.1.4 生成对抗网络

受到"二人零和博弈"的启发,有研究者提出了生成对抗网络(Generative Adver-sarial Network,GAN),基础的 GAN 通常是由一个生成器(generator)和一个判别器(discriminator)构成。生成器根据输入的样本分布,生成新的数据分布,生成的新数据需要尽可能地与真实数据分布相接近,越接近真实数据分布,说明该生成的数据越真实。判别器的作用是判断其输入是否来自真实数据。给定 G 表示生成器,D 表示判别器,形式化来说,G 的目标是生成基于数据 x 的分布 p_g,G 的输入为随机噪声 z,z 取样于其先验分布 $p_z(z)$。G 的输出和真实数据一起作为判别器的输入,判别器对两种输入进行判别,采用 1(真实数据)或者 0(生成数据)将两者区分开。判别器的输出 $D(x)$ 表示输入是真实数据的概率值。对于初始生成器 G 和判别器 D 来说,初始 D 往往能非常轻易就判别出数据是属于真实数据还是生成数据,紧接着,优化 G,增强生成效果,得到第二次训练的 G。由于经过第二次训练产生的 G 生成的数据比初始 G 要真实,所以初始 D 就不能判别数据的真假性,紧接着初始 D 也跟着优化学习,提高判别效果,得到第二次训练的 D。如此循环往复,直到第 N 次训练的 D 无法判断数据是否来自生成器 G 为止。该过程是生成器 G 和判别器 D 之间互相对抗学习,其优化是一个极小极大化过程。因此,GAN 的目标函数如下:

$$\min_D \max_G F(D,G) = E_{x \sim P_{data}(x)}\left[\log D(x)\right] + E_{z \sim p_z(z)}\left(\log\{1 - D[G(z)]\}\right)$$

$$(2-2)$$

式中:E 表示关于下标中指定分布的期望值;$x \sim P_{data}(x)$ 表示 x 是来自数据分布 $P_{data}(x)$ 的真实样本。

简略来说:整个优化过程先固定生成器 G,优化判别器 D,求得最优判别器 D';然后将最优的 D' 替换当前的 D,用于优化生成器 G,求得最优 G。如此循环往复。

2.2 主要相关模块

2.2.1 注意力机制

近年来,深度学习与注意力相结合的科研工作大多数是使用掩码来实现的,其原理是使用一层全新的权重标注出图片数据中关键的特征区域。通过神经网络的学习与训练,可以根据不同的重要性有选择地更改,为输入分配不同的权重,让网络仅关注图像感兴趣区域,这也就形成了注意力。在医疗影像分割模型中,主要使用软注意力(Soft Attention),其包括以下三种注意力机制:空间域(Spatial Domain)、通道域(Channel Domain)、混合域(Mixed Domain)。

2.2.1.1 空间域注意力

空间域注意力旨在提取图像的关键信息并计算空间域中每个像素特征的重要性。Jaderberg 等人早期提出了一种空间变换网络(Spatial Transformer Networks,STNet)进行图像分类。该算法设计了一种空间变换模块,通过空间变换提取图像的关键信息。受此启发,Oktay 等人提出了基于此注意力的 U-Net,改进的 U-Net 在通过跳跃连接融合编码器和解码器的特征之前,使用注意力来调整编码器的输出。该注意力模块输出门控信号,用以控制不同空间位置像素特征的重要程度。

2.2.1.2 通道域注意力

通道域注意力可以实现信息的重新校准,该功能利用学习到的全局信息来选择性凸显有用的特征并抑制无用的特征。Hu 等人提出了挤压和激励网络(Squeeze-and-Excitation Networks,SE-Net),将通道域注意力引入了图像分析领域,并在 2017 年赢得了 ImageNet 挑战赛。该工作提出的 SE 块显式地对卷积特性的通道之间的相互依赖关系建模,从而提高了神经网络的特征表示能力。

2.2.1.3 混合域注意力

空间和通道域注意机制是用于改进特征表示的两种流行策略。但是,空间域注意力由于平等地对待每个通道,所以忽略了不同通道信息的差异。相反,通道域注意力直接收集全局信息,而忽略每个通道中的局部信息,这是一个相对粗略的操作。因此,结合两种注意力机制的优势,研究人员基于混合域注意力块设计了许多模型。Kaul 等人提出了一种基于混合空间域注意力和通道域注意力的聚焦网络用于医学图像分割,其包括用于通道域注意力的 SE 块与全新设计的空间注意力分支。

2.2.2　多尺度学习

医学图像分割中的挑战之一是研究对象之间的尺度差异巨大。例如,中晚期的肿瘤可能比早期的肿瘤要大得多。针对解决这一难题,神经网络的多尺度学习是极其有效的。所谓多尺度,实际上就是对信号不同粒度的采样,通常在不同尺度下笔者可以观察到不同的特征,从而完成特定的任务。多尺度学习改变了神经网络中的感受野大小,而感受野大小大决定了网络可以使用到的上下文信息量。

2.2.2.1　金字塔池化

并行的多尺度池化可以有效地改善网络学习上下文信息的能力,从而提取出更丰富的语义信息。He 等人首先提出了空间金字塔池(Spatial Pyramid Pooling,SPP)以实现多尺度特征提取。SPP 将图像从精细空间划分为粗糙空间,然后收集局部信息并提取多尺度特征。

2.2.2.2　空洞空间金字塔池化

为了减少池化操作引起的信息损失,研究人员提出了空洞/膨胀卷积(Atrous/Dilated Convolution)。与普通卷积相比,空洞卷积可以有效地扩大感受野而不增加网络参数。Chen 等人结合了空洞卷积和 SPP 块的优点提出了空洞空间金字塔池化模块(Atrous Spatial Pyramid Pooling,ASPP)来改善图像分割结果。ASPP 对不同尺度下的相同对象显示出强大的识别能力。

2.2.3　半监督学习

在医疗影像数据中,有标签样本和无标签样本往往同时存在,且无标签样本较多,而有标签样本则相对较少。虽然充足的有标签样本能够有效提升学习性能,但是获取样本标签往往是非常困难的,这是因为标记样本需要领域知识、特殊的设备以及大量的时间成本。相比于有标签样本,大量的无标签样本广泛存在且相对容易收集。但是,监督学习算法无法利用无标签样本,在有标签样本较少时,难以取得较强的泛化性能。虽然无监督学习算法能够使用无标签样本,但准确性较差。半监督学习通常使用在少量样本标签的引导下,充分利用大量无标签样本提高学习性能,减少了数据资源的浪费,同时解决了有标签样本较少时监督学习方法泛化能力不强和缺少样本标签引导的无监督学习方法不准确的问题。Bai 等人实现了这种用于心脏 MRI 图像分割的半监督方法。Nie 等人提出了一种基于注意力的半监督深度网络进行分割。该分割网络计算了置信度图作为区域注意力,并通过使用对抗训练的方式,以对未标记的数据进行训练。

2.2.4　对比学习

对比学习侧重于通过对比正、反两方面的实例来提取有意义的表征。在学习到的嵌入空间中,相似的实例应靠得更近,而不相似的实例应离得更远。监督对比学习(Supervised Contrastive Learning,SCL)是对比学习的一个分支,它利用标记数据来明确训练模型以区分相似和不相似的实例。自监督对比学习(Self-Supervised Contrastive Learning,SSCL)采用不同的方法,从未标记的数据中学习表示,而不依赖于显式标签。目标是学习一个表示空间,其中相似的实例聚集得更近,而不同的实例则被推开。

2.2.5　常用损失函数

为了准确、快速地学习目标,损失函数的选择对网络性能提升有非常重要的意义。本小节将总结常用于医疗影像分割任务的损失函数,包括交叉熵损失(Cross-Entropy Loss)函数、焦点损失(Focal Loss)函数、骰子损失(Dice Loss)函数、Tversky 损失(Tversky Loss)函数以及对比损失(Contrastive Loss)函数。

2.2.5.1　交叉熵损失函数

对于图像分割任务,交叉熵是最流行的损失函数之一。交叉熵定义为给定随机变量或事件集的两个概率分布之间差异的度量,该函数将预测类别向量与真实分割结果向量进行逐像素比较。它广泛用于分类任务。由于分割是像素级别的分类,所以也在分割应用中运用广泛。对于二进制分割,损失函数计算如下:

$$L_{CE}(y,\hat{y}) = -[y\ln\hat{y} + (1-y)\ln(1-\hat{y})] \tag{2-3}$$

式中：$\hat{y}$ 是模型的预测值；y 是数据的真实值。

交叉熵损失均等地处理图像的每个像素，输出平均值，因此忽略了类别不平衡的情况，从而导致损失函数依赖于具有最大像素数量的类别的数据。因此，交叉熵损失通常不利于小目标分割任务。为了解决类别不平衡的问题，Long 等人提出了加权交叉熵损失（Weighted Cross-Entropy，WCE）来抵消类别的不平衡。对于二进制分割，加权交叉熵损失定义为

$$L_{\text{WCE}}(y,\hat{y}) = -[y\beta\ln\hat{y} + (1-y)\ln(1-\hat{y})] \tag{2-4}$$

式中：β 用来调整正负样本的比例，它是一个经验值。当 $\beta > 1$ 时，假阴性的数量将减少；相反，当 $\beta < 1$ 时，假阳性的数量会减少。实际上，当 $\beta = 1$ 时，交叉熵是加权交叉熵的一种特殊情况。要同时调整正负样本的权重，可以使用平衡交叉熵（Balan-ced Cross Entropy，BCE）损失函数：

$$L_{\text{BCE}}(y,\hat{y}) = -[y\beta\ln\hat{y} + (1-\beta)(1-y)\ln(1-\hat{y})] \tag{2-5}$$

2.2.5.2 焦点损失函数

焦点损失（FL）是二进制交叉熵的一种变化。它将模型的重点落在挖掘困难的样本上，减少了简单样本对模型的影响，因此，它非常适合高度不平衡的类别的场景。首先，二进制交叉熵损失可以修改成

$$L_{\text{CE}}(y,\hat{y}) = \begin{cases} -\ln\hat{y}, & y=1 \\ -\ln(1-\hat{y}), & \text{其他} \end{cases} \tag{2-6}$$

为了方便起见，焦点损失将类别的估计概率定义为

$$p_t = \begin{cases} \hat{y}, & y=1 \\ 1-\hat{y}, & \text{其他} \end{cases} \tag{2-7}$$

因此，交叉熵可以写成

$$L_{\text{CE}}(p,y) = \text{CE}(p_t) = -\ln p_t \tag{2-8}$$

焦点损失降低简单样本的权重，并使用调节因子 $(1-p_t)^\gamma$ 将训练集中在难以分辨的样本上，最终，焦点损失如下：

$$L_{\text{FL}}(p_t) = -\alpha_t(1-p_t)^\gamma\ln p_t \tag{2-9}$$

式中：$\gamma > 0$ 且当 $\gamma = 1$ 时，焦点损失的工作原理与交叉熵损失函数相似；超参数 α 的范围为 $[0,1]$。

2.2.5.3 骰子损失函数

骰子系数（Dice）是用于评估医学图像分割性能的一种流行指标。该度量本质上是分割结果和相应的分割金标准之间重叠的度量。Dice 值范围在 0～

1 之间,1 表示分割结果与实际分割结果完全重叠。因此,Dice 损失函数的计算公式定义为

$$L_{\text{DL}}(y,\hat{y}) = 1 - \frac{2y\hat{y}}{y+\hat{y}} \tag{2-10}$$

2.2.5.4　Tversky 损失函数

Salehi 等提出了 Tversky 损失(TL),它是 Dice 损失更加泛化的版本,用于控制假阳和假阴对损失函数的贡献。TL 定义为

$$L_{\text{TL}}(y,\hat{y}) = 1 - \frac{y\hat{y}}{y\hat{y}+\beta(1-y)\hat{y}+y(1-\beta)(1-\hat{y})} \tag{2-11}$$

如果 $\beta = 0.5$,那么 TL 与式(2-10)相同。

2.2.5.5　对比损失函数

对比损失的目标是使得相似的样本在特征空间中靠近,而不相似的样本在特征空间中远离。这样,模型就能够学习到区分不同类别或实例的能力。对比损失通常与正样本(Positive Sample)和负样本(Negative Sample)一起使用,正样本是相似的或相关的样本对,而负样本则是不相似的或无关的样本对。对比损失的公式如下:

$$L_{\text{Contrast}} = -\frac{1}{N}\sum_{i=1}^{N}\left[\ln\frac{\exp(\boldsymbol{v}_i^{\text{T}}\boldsymbol{v}_i'/\tau)}{\sum\limits_{j=1}^{N}\exp(\boldsymbol{v}_j^{\text{T}}\boldsymbol{v}_j'/\tau)}\right] \tag{2-12}$$

式中:N 为批次中的样本数量;$\boldsymbol{v}_i$ 是正样本的特征表示;$\boldsymbol{v}_i'$ 是与 $\boldsymbol{v}_i$ 相对应的负样本的特征表示。

2.2.5.6　均方误差损失

均方误差损失(Mean Square Error,MSE)又称为二次损失、L2 损失,常用于回归预测任务中。均方误差函数通过计算预测值和实际值之间距离(即误差)的二次方来衡量模型质量,即预测值和真实值越接近,两者的均方差就越小。假设有 n 个训练数据 x_i,每个训练数据 x_i 的真实输出为 y_i,模型对 x_i 的预测值为 $\hat{y}_i$。该模型在 n 个训练数据下所产生的均方误差损失可定义如下:

$$\text{MSE} = \frac{1}{n}\sum_{i=1}^{n}(y_i-\hat{y}_i)^2 \tag{2-13}$$

2.3　相关工作文献综述

本书针对医疗影像中存在的精度要求高、数据稀缺、域漂移三个问题展开研究，本节全面调研最新的相关工作。

2.3.1　基于高精度要求的分析算法

深度学习模型，尤其是卷积神经网络，已经在医疗影像的诊断/分类和分割中得到大量的运用。现有用于医疗影像分类和分割的模型主要包括两类：基于单个任务和基于多任务的模型。针对本书使用皮肤病影像验证所提出的高精度算法，本节对相应的单任务与多任务算法进行全面调研。

2.3.1.1　单任务模型

为了使用皮肤镜图像对皮肤病变的类型诊断，Barata 等人利用注意力模块在皮肤镜图像中识别出相关区域以对皮肤病变进行分类，Gessert 等人提出了一种具有诊断指导功能的损失函数与基于图像块注意力的网络架构。所提出的方法通过提取低分辨率和高分辨率图像块之间的全局上下文，改善了皮肤病变的分类。Zhang 等人提出了一种注意力残差学习卷积神经网络模型（ARL-CNN），利用多个 ARL 块来解决数据不足以及存在类间相似性和类内差异性的难题。Harangi 等人使用一种集成方法，他们将来自四个不同深度神经网络的预测结果融合并取平均值，作为最终诊断结果。但是，这种方法复杂度较高，可能不适用于一般的实际应用。也有通过利用分割任务提高分类性能的方法，例如，Yu 等人提出首先从整个皮肤镜图像中分割病变，然后将该区域用作分类网络的输入，减少了训练数据的不足带来的问题。

对于皮肤病变分割任务，Xue 等人提出了基于 GAN 的 SegAN 框架。他们通过长距离和短距离特征连接捕获了全局和局部特征，并引入了多尺度的 L1 损失函数来优化网络。Yuan 等人结合了一套 19 层深度的 FCN，可以从原始图像中高效地分割皮肤病变。Sarker 等人设计的皮肤病变分割模型集成了跳跃连接，膨胀残差和金字塔池化模块。Goyal 等人提出一个集成了 Mask R-CNN 和 DeepLabV3＋的模型，并证明了该模型比单独训练的 FrCN，FCN，U-Net 和 SegNet 性能更好。为了跟踪感兴趣皮肤病区域的演变，Navarro 等人提出了一种基于超像素技术的自动皮肤病变分割和配准的体系结构。此外，也有将多步分割网络嵌入一个框架的方法。例如，Gonzàlez-Daz

证明,将两个单独的病变和皮肤镜结构分割网络嵌入一个框架中,可以提高分割结果。

然而,尽管以上研究已经取得了优异的成绩,提高了皮肤病影像分析任务的精度,但这些基于单任务的研究并没有融合多个任务知识,而医学图像中分类和分割是两个关联度非常高的任务,融合多任务知识在一定程度上可分别使两种任务的精度达到新高度。

2.3.1.2　多任务模型

近年来,由于单任务架构无法同时利用不同分支中传播的信息,所以多任务学习吸引了越来越多的研究兴趣。多任务学习模型首先从不同任务的分支中学到通用知识。通用知识可以通过共享公共信息反过来提高每个分支的泛化能力。例如,Chen 等人提出了一个门函数来控制分类分支和分割分支中的消息传输。实验结果表明,两个分支的性能都得到了改善。Song 等人引入了一种三阶段联合训练策略,以增强皮肤病变的诊断、检测和分割能力。他们所提出的方法在 ISBI(国际烧伤学会) 2016 和 ISIC(国际皮肤成像合作组织) 2017 数据集上取得了令人满意的分割表现。Liao 等人构建了一个深度多任务学习框架,以共同优化皮肤病变分类和人体部位分类。实验结果表明,联合学习模型比独立网络更健壮。Murabayashi 等人提出了一种混合半监督和多任务学习方法来诊断黑色素瘤。他们证明了即使在训练数据量有限的情况下,半监督学习和多任务学习相结合也可以取得极具竞争力的结果。Chen 等人在多任务 U-Net 模型中结合了病灶属性分类和分割,以自动检测黑色素瘤的病灶属性。

综上所述,尽管多任务模型表现优异,但绝大部分多任务模型共享编码器的结构使得此类模型的可拓展性较差。此外,由于不同分支对整体模型性能影响较大,选择一个合适的权重因子来权衡不同分支的贡献也是一项烦琐的工作。

2.3.2　基于形状感知对比的分割算法

食管癌(EC)是一种起源于消化道食管黏膜上皮的恶性肿瘤。它被称为全球第七大常见癌症和第六大致命癌症,严重威胁着人们的生命。本小节针对现有食管癌分割算法以及近期基于对比学习分割算法的全面调研,提出一种基于形状感知对比深度监督网络(SCDSNet)。该网络具有形状感知正则化和体素到体素对比深度监督功能,通过形状感知正则化来集成与形状相关的特征,其中引入额外的形状头来正则化形状感知约束,从而保留分割掩码的完整形状。

2.3.2.1　传统食管癌分割方法

近年来,自动化生物医学数据分析技术取得了可喜的成果。Okaty 等人开发了一种注意力门模型(AttU-Net),用于在计算机断层扫描(CT)中分割胰腺。Zhou 等人提出了一种用于息肉、肝脏和细胞核分割的嵌套 U-Net(U-Net＋＋)结构。U-Net＋＋展示了深度监督在分割任务中的成功。U-Net 3＋ 利用了全尺寸跳跃连接和深度监督,并在肝脏分割上验证了U-Net 3＋ 的有效性。由于构建足够大的 3D 医学分割数据集具有挑战性,所以提出了预训练的 Med3D 和 Genesis UNet。最近,Wang 等人通过 PFNet对肺部 CT 扫描的肺纤维化进行了分割。Hatamizadeh 等人将视觉转换器模块整合到全卷积神经网络(FCN)中,从而提出了用于脑肿瘤和脾脏分割的UNETR。

尽管在自动生物医学图像分割方面取得了实质性进展,但从 CT 中自动进行 ET 分割存在三个主要挑战。首先,ET 可能出现在管状食管的任何位置,管状食管是尾部解剖器官的长颅。其次,食管纵向肿瘤扩展可能在颅尾缘处有变化。最后,ET 与周围组织之间的对比度较低。因此,自动 ET 分割和诊断仍处于起步阶段而且分割方法很少。例如,Jin 等人提出了一种基于 U-Net 的双流链式深度融合框架,命名为渐进语义嵌套网络(PSNN),用于基于PET 和 CT 图像的 ET 分割,以提高性能。笔者通过收集 ET 患者的 250 个PET/CT 扫描来验证该模型。Yousefi 等人提出了一种扩张密集注意力UNet(DDAUNet),利用密集块的空间和通道注意力门进行 ET 分割。对于其他 ET 诊断任务,Yue 等人提出了一种多损失解纠缠表示学习方法,以融合ET 诊断中的互补信息。Lin 等人提出了一种基于深度学习的食管癌生存预测框架。

上述最先进的 ET 分割方法仍有一些局限性。首先,形状信息在医学图像分割中至关重要,然而,现有的方法忽略了形状感知正则化。其次,当 ET与周围器官的对比度较低且边界定义模糊时,上述方法无法成功且令人满意地从 CT 中分离出整个 ET 结果。

2.3.2.2　基于对比学习的分割算法

为了克服食管癌分割方法的局限性,Chen 等人提出了 SimCLR(简单对比学习网络),这是一个简单的对比学习框架,用于学习视觉表示。SimCLR 通过最大化同一数据样本的不同增强视图之间的一致性来学习表示,在表示和对比损失之间引入可学习的非线性变换,显著提高了学习表示的质量,与监督学习相比,对比学习从更大的批量大小和更多的训练步骤中受益。Wang 等人提出了一种结合了三重不确定性引导的均值教师模型和对比学习的半监督医学图像分割方法。该方法利用了模型的预测不确定性来指导模型学习,特别是在标签稀缺的情况下。通过这种方式,模型能够更好地利用未标记数据,从而提高分割性能。该方法在多个医学图像数据集上进行了测试,并展示了其在处理少量标记数据时的有效性。Liu 等人提出了一个半监督的左心房分割模型。该模型利用了对比一致性来提高分割的准确性。该模型通过最小化一致性损失和对比损失来学习鲁棒的特征表示。这种方法特别关注于心脏 MRI 图像中的左心房分割任务,并在公开的心脏图像数据集上展示了其优越的性能。通过结合半监督学习和对比学习,该模型能够有效地处理标记数据稀缺的情况,这对于实际的临床应用具有重要意义。

受到上述研究的启发,笔者开发了一种新的可插拔形状感知对比深度监督网络(SCDSNet)。首先,SCDSNet 具有形状感知正则化来集成与形状相关的特征,其中笔者通过引入额外的形状头来正则化形状感知约束,从而保留分割掩码的完整形状。其次,SCDSNet 具有体素到体素对比深度监督策略,以增强肿瘤与邻近区域之间的对比度。笔者在解码阶段通过难样本选择增强了边界附近的体素级约束,并结合了深度监督策略。

2.3.3　基于多模态对比学习的检测算法

骨骼肌减少症是一种逐渐发展的骨骼肌障碍,与肌肉质量、力量和功能的丧失有关。可靠地量化肌肉质量,开发有效、可重复且经济有效的算法对于诊断骨骼肌减少症至关重要。本小节针对近期发表的多模态对比学习算法进行了全面调研,提出一种无监督对比表示学习策略,通过辅助对比表示来辅助监督筛查。使用非局部 CAM 增强模块促使网络从类激活映射中学习到的注意力空间区域中获得信息,以增强全局特征表示能力。通过视觉-文本特征融合模块,笔者通过整合临床变量将异构图像和表格数据进行融合。

2.3.3.1　基于多模态的深度学习

多模态学习(Multi-Modal Learning)是一种利用来自多种不同感官或交互方式的数据进行学习的方法。在这个语境中,"模态"指的是不同类型的数据输入,如文本、图像、声音、视频等。多模态学习的关键在于整合和分析这些不同来源的数据,以获得比单一数据源更全面和更深入的洞察。对于医学影像领域基于多模态的深度学习,病理融合模型(Pathomic Fusion,PF)以端到端的方式融合了多模态组织学图像和基因组[突变、CNV(复制变异数)和RNA-Seq(核糖核酸测度)]特征,用于生存结果预测。基于 PF,Braman 等人提出了一个深度正交融合模型,将来自多参数 MRI 检查、基于活检的模态和临床变量的信息融合成全面的多模态风险评分,取得了具有竞争力的结果。

2.3.3.2　基于多模态对比学习的检测算法

尽管近期对比学习在各种医学影像分析任务中取得了成功,基于深度学习进行骨骼肌减少症的诊断算法仍在研究中。对于骨骼肌减少症的筛查任务,Ryu 等人首先使用三个集成的深度学习模型,通过胸部 X 射线图像测试附肢瘦体积(ALM)、握力(HGS)和椅起测试(CRT)的性能。然后,他们构建了机器学习模型,将预测的 ALM,HGS 和 CRT 性能值与基本的表格特征一起进行汇总,用于诊断骨骼肌减少症。他们工作的主要缺点在于复杂的两阶段工作流程和烦琐的集成训练。此外,由于骨骼肌减少症是由附肢肌肉质量降低定义的,通过具有最大比例肌肉质量的髋部 X 射线图像来测量肌肉消耗,所以更加适用于筛查骨骼肌减少症。Ryu 等人开发了一种可解释的人工智能模型,称为 SARC-CXR。该模型利用胸部 X 射线和基本临床参数来预测肌肉减少症,并使用前瞻性队列验证该模型。Zhang 等人采用类激活映射(CAM)对所提出模型的识别过程进行了可视化分析。捕捉长距离依赖关系对于骨骼肌减少症筛查非常重要。采用非局部模块(NLM),并提出了使用粗略的 CAM 定位图作为额外信息来加速学习。Chen 等人对视觉表示进行对比学习简化了最近提出的对比自监督学习算法,提出了 SimCLR。这种无监督对比学习方法,受益于比监督学习更多的数据增强效果。

2.3.4　基于层次一致性执行的分割算法

从组织学图像中准确分割细胞和腺体是计算机辅助诊断中一项重要但具有挑战性的任务。利用大量标注数据,深度学习在组织学图像分割任务中取得了最先进的性能。但是组织学图像分析中的一个具有挑战性的问题是数据密集型深度学习模型需要高质量和大量注释良好的数据。同时,对于具有领域知识的专家来说,获取注释良好的数据是一项耗时且费力的任务。为了解决这个问题，本小节对半监督学习算法和数据一致性学习进行全面调研。

2.3.4.1　基于变换的一致性感知

训练深度卷积神经网络通常需要大量的标记数据。然而，为医学图像分割任务注释数据既昂贵又耗时。Yu 等人提出了一种新颖的不确定性感知半监督框架，用于 3D MRI 图像的左心房分割。该框架可以通过鼓励在不同扰动下对相同输入进行一致预测来有效地利用未标记的数据。具体而言，该框架由学生模型和教师模型组成。学生模型通过最小化相对于教师模型目标的分割损失和一致性损失来向教师模型学习，设计了一种新颖的不确定性感知方案，使学生模型能够通过利用不确定性信息逐渐从有意义且可靠的目标中学习。

Li 等人提出了一种增强自集成模型正则化的变换一致策略。其中通过仅针对标记输入的常见监督损失和针对标记和未标记数据的正则化损失的加权组合来优化网络。为了利用未标记的数据，该方法鼓励训练中的网络在不同扰动下对相同输入进行一致的预测。在半监督分割任务中，算法在自集成模型中引入了变换一致策略，以增强像素级预测的正则化效果。为了进一步提高正则化效果，该方法以更广义的形式扩展转换，包括缩放并优化教师模型的一致性损失，这是学生模型权重的平均值。

该算法在三个典型但具有挑战性的医学图像分割任务上广泛验证了所提出的半监督方法：

1）国际皮肤成像合作组织（ISIC）2017 年数据集中的皮肤镜图像的皮肤病变分割；

2）从视网膜眼底青光眼挑战（REFUGE）数据集中的眼底图像进行视盘（OD）分割；

3）根据肝脏肿瘤分割挑战（LiTS）数据集中的体积 CT 扫描进行肝脏分割。

与最先进的方法相比，该方法在具有挑战性的 2D/3D 医学图像上表现出优越的性能。

2.3.4.2　基于成对协同训练的半监督算法

在组织学组织图像上进行准确和自动化的腺体分割是腺癌计算机辅助诊断中一项重要但具有挑战性的任务。尽管深度学习模型很流行，但它总是需要大量密集注释的训练图像，而由于与组织学图像注释相关的大量劳动力和相关专家成本,所以很难获得这些图像。Xie 等人提出了基于成对关系的半监督(PRS)模型,用于组织学图像的腺体分割。该模型由分割网络(S-Net)和成对关系网络(PR-Net)组成。S-Net 在标记数据上进行训练以进行分割,PR-Net 以无监督的方式在标记和未标记数据上进行训练,通过利用特征空间中每对图像之间的语义一致性来增强其图像表示能力。由于两个网络共享其编码器,PR-Net 学习到的图像表示能力可以转移到 S-Net 以提高其分割性能。

基于深度学习的方法通常需要大量注释良好的数据,这在医学图像分析领域可能非常昂贵,相反,未标记的数据更容易获取。半监督学习和无监督领域适应都利用了无标签数据的优势,并且彼此密切相关。Xia 等人提出了不确定性感知多视图协同训练(UMCT),这是一个解决体积医学图像分割任务的统一框架。该框架能够有效地利用未标记的数据以获得更好的性能。首先,将 3D 体积旋转并排列成多个视图,并在每个视图上训练 3D 深度网络。其次,通过对未标记数据强制执行多视图一致性来应用协同训练,其中利用每个视图的不确定性估计来实现准确的标记。在 NIH(美国国立卫生研究院)胰腺分割数据集和多器官分割数据集上进行的实验表明,所提出的框架在半监督医学图像分割方面具有最先进的性能。

2.3.5 基于有限标注数据的分割算法

半监督算法是解决有限标注数据场景下的方法之一,本小节针对医学影像分割中的半监督算法与不确定性评估方法进行全面调研,同时对医学图像分割中的特征聚合算法进行回顾。然后,针对本书使用组织学影像验证所提出的分割算法,本小节对组织学病理影像分割算法进行全面调研。

2.3.5.1 半监督分割

半监督模型可从标记的和未标记的数据中学习。例如,为了分割大脑异常区域,Ganaye 等人提出了 NonAdjLoss,用邻接约束以减少带标记数据和未标记数据之间的不一致。Zhou 等人提出了一种基于教师和学生网络架构的方法。该方法使用一种扰动敏感的样本挖掘机制对遮罩引导的特征进行了蒸馏,对细胞样本实例进行了分割。Xie 等人提出了分割网络(S-Net)和成对关系网络(Pairwise Relation Network,PR-Net)用于腺体分割。此外,在半监督生物医学图像分割中,基于生成对抗网络(GAN)和深度 Q 学习(DQN)的算法也比较常用。

2.3.5.2　不确定性评估

在深度学习中，贝叶斯深度网络被广泛用于度量预测的不确定性。Kwon 等人提出通过贝叶斯神经网络估计医学图像分类中的不确定性和认知不确定性。由于数据增强中的数据变换操作可能会影响分割结果，所以 Wang 等人通过引入基于测试时间增强的偶然不确定性（Test-Time Augmentation-based Aleatoric Uncertainty）来分析此类变换效果。

2.3.5.3　特征聚合

深度学习网络使用了特征聚合方法，来增强图像分割中的特征表示。然而，大多数用于生物医学图像分割的网络都基于 U 形网络。例如，Ji 等人探索了具有相同分辨率的特征聚合，并开发了一种灵活的 U 形网络。但是，这种 U 形网络可能会导致特征不兼容的问题，并在整个传播过程中带来偏差，因此该特征聚合方式存在一定的局限性。为了解决这个问题，一种简单但有效的替代特征聚合方法便显得非常重要。

2.3.5.4　组织学图像分割

自动分割组织学图像是一项艰巨的任务。最近，Su 等人利用平凡模板（Trivial Templates）和堆叠去噪自动编码器（stacked Denoising AutoEncoder，sDAE）进行稀疏重建，以进行细胞检测和分割。Graham 等人提出了一种最小信息损失膨胀网络（Minimal Information Loss Dilated Network，MILD-Net），用于腺形态实例分割，他们随机变换输入图像以合并多种不确定性。Qu 等人提出了一种全分辨率卷积神经网络（Full-resolution convolutional neural Network，FullNet），引入了差异约束交叉熵（variance Constrained Cross-Entropy，varCE）损失，以学习组织病理学图像中的像素之间的实例级关系。前述方法都是全监督算法，其数据需要病理学家进行像素级注释。

2.3.6　基于域适应的分割算法

域适应算法是解决医学影像数据漂移问题的方法之一，本小节针对近期发表的域适应深度学习算法进行全面调研，同时，针对本书使用新型冠状影像验证所提出的域适应算法,本小节对新型冠状病毒影像分析算法进行全面回顾。

2.3.6.1　基于域适应的分割算法

大多数用于语义分割的机器学习模型都是基于一种理想化假设,即训练数据和测试数据具有相同的数据分布。但是,该假设在现实世界中并不总是正确的。将知识从标签丰富的源域转移到标签稀少的目标域时,通常会发现训练阶段和测试阶段的性能差异。基于域适应(Domain Adaptation,DA)的技术旨在纠正和缩小这一差异,使模型在测试中表现良好。

在过去的几年中,DA 技术在语义分割上取得了大量运用。通常,DA 模型可以分为两类:不变域表示学习和伪标签引导学习。

(1)不变域表示学习。基于 DA 的语义分割背后的主要动机之一就是学习领域不变性表示。最近的大多数研究都是基于领域对抗学习和生成对抗网络(GAN)的。Luo 等人结合了信息瓶颈策略和对抗学习框架,提出了特征空间域适应的语义分割。Tsai 提出了一种对抗适应方案,该方案迫使目标图像块的特征靠近源图像块的分布。

CycleGAN 通过将源图像转换为目标样式图像,为 DA 提供了另一种解决方案。Chen 等人提出了一种图像到图像转换的域适应体系结构。Li 等人提出了一种用于双向学习的自监督 DA 分割框架。与基于领域对抗学习的方法不同,Lü 等人证明了 pivot 信息可以提高 DA 模型分割的性能,该 pivot 信息充当了在源域和目标域之间知识共享的桥梁。

(2)伪标签引导学习:伪标签方法是半监督学习中的一种典型技术,也可以用于解决域漂移。伪标签通常指模型在目标数据上生成的假标签。Zheng 等人提出了一种通过自训练方法,挖掘目标领域知识并在未标记目标数据上微调模型。Du 等人引入了一种渐进置信度策略,可通过对抗性学习充分利用伪标签,而无须全局特征对齐。Saporta 等人将熵用作置信度指标,以提高熵指导的自我监督学习(ESL)模型中伪标签的质量。Li 等人提出了一种最新的自矫正训练策略,通过自我监督提高不同训练周期模型的分割性能。使用此方法的明显缺点是,如果目标域的伪标签包含噪声,那么嘈杂的信息可能会误导伪标签的矫正并导致模型对噪声的过度拟合。

2.3.6.2　新型冠状病毒 CT 影像分割

为了自动分割受新型冠状病毒感染的区域,Zhou 等人开发了使用聚合残差变换和注意力机制的深度学习模型。He 等人提出了一种基于多实例的体系结构来预测新型冠状的严重性。该协同学习框架实现了肺叶的联合分割和新型冠状严重性分类。Chen 等人通过将空间和通道注意力融入 U-Net 体系结构来提取上下文特征。在具有 473 个 CT 切片的新型冠状病毒 CT 分割数据集上对提出的方法进行了评估。Zhou 等人提出了一种与扫描设备无关（Machine-Agnostic）的方法，该方法可以在多站点 CT 扫描中分割和量化感染区域。Wu 等人开发了一种用于实时的、可解释新型冠状病毒诊断的联合分类和分割（JCS）系统。由于公开的新型冠状病毒数据集有限，所以 Qiu 等人提出了一种轻量级的深度学习模型，可有效地进行新型冠状病毒分割，同时避免模型过度拟合。Fan 等人提出了一种半监督学习模型，以应对训练中数据量有限的问题。

给定可能出现域漂移的少量数据，机器学习方法会在少量数据集上存在过拟合问题，尤其是对于具有大量参数的深度学习模型而言。因此，如何充分利用有限的跨中心数据进行医学影像分割是一个亟须解决的问题。

2.3.7　基于数据增强的合成算法

为了获得高质量的感兴趣区域（Region Of Interest，ROI）检测，分割或预测结果，大量训练样本的收集是必不可少且重要的一步。但是，与常规图像数据集相比，医学影像数据集通常数据量小，缺乏多样性并且更难获取。其主要原因是医学图像的注释需要具有领域知识的专家。

解决训练图像稀缺性的最新方法包括数据增强和图像合成。事实证明，数据增强方法是扩大训练数据集的一种简单、有效的方法。数据增强中的转换包括旋转、翻转、平移和弹性变形。但是，传统数据增强不能显著增加数据的多样性。基于 GAN 的图像合成方法已被证明是解决数据稀缺问题的有效方法，在生成数据样本方面取得了巨大进展。GAN 也已应用于不同器官（包括脑、肺和肝）的医学图像合成，例如 MRI 和 CT。

2.3.7.1　肺结节合成

为了合成不同形状和大小的肺结节，Jin 等人首先擦除了包含肺结节的图像区域，然后将具有擦除区域的图像传递到 cGAN 模型中生成肺结节图像。实验结果表明，合成的肺结节可以与周围的肺组织自然融合。Chuquicusma 等通过深度卷积 GAN（DCGAN）生成肺结节，并进行了视觉图灵测试以评估生成结节的真实性。

2.3.7.2　肝脏肿瘤合成

Ben-Cohen 等人通过结合 FCN 和条件 GAN(cGAN),从给定的 CT 中生成了 PET 图像。他们证明了生成的 PET 图像可以降低肝脏病变检测中的假阳率。Ben-Cohen 等人首先融合了 specific 和 unspecific 的特征表示,再将其送入生成器中生成新样本。实验结果表明,当使用包括合成样品在内的数据进行训练时,肝脏病变分类准确率平均提高了 7.4%。

2.3.7.3　其他合成

图像合成技术也已应用于其他器官和任务。例如,Wolterink 等人提出了一种 WGAN 模型,基于血管中心轴将血管几何形状参数化为一维信号来合成血管。Zijlstra 等人采用 cGAN 架构,并使用 U-Net 作为生成器,从 MRI 中合成整形外科应用中的下臂 CT 图像。Neff 等人提出了一种用于胸部 X 射线图像合成的 GAN。当组织图像不足时,通过使用 Zhang 等人的方法合成的图像可以改善甲状腺识别的性能。He 等人通过使用多层 VGG 提取视网膜的特征来改善传统 GAN 从管状结构注释中合成视网膜图像的性能。他们还证明了该模型在较小数据集中学习的能力。

即使基于 GAN 的方法及其变体已用于不同的图像分析任务中,以便增加数据量和数据种类,但上述方法无法支持用户自定义的不规则影像合成。此外,由于在合成过程中可能无法保留详细的纹理和边界特征,所以无法始终保证高质量的合成结果。

2.4　本章小结

本章首先介绍了常用深度学习基本理论基础与常用深度学习相关网络模型,包括卷积神经网络、全卷积神经网络、U 形卷积神经网络以及生成对抗网络。其次,介绍了用于深度学习分割模型中常用的模块与用于医学影像分割任务中常用的损失函数。最后全面调研了最新的与本书相关的工作,从高精度医疗影像分析模型、半监督模型、域适应模型以及用于分割数据增强的合成模型研究工作中分析了现有算法的局限性。本章为本书后续研究提供了理论基础和背景知识。

第 3 章　基于高精度要求的分割算法研究

本章主要研究医学影像处理中,对模型精度要求极高的问题。研究数据量一定时,当知识在多个相关联任务中传播时,如何有效地利用该多任务信息提高深度学习模型对医疗影像诊断和分割的精度;主要论述并分析现有单任务模型与多任务模型中存在的缺陷,并提出一种基于级联知识传播的分割算法;在多个皮肤癌数据集上验证新算法的有效性。

3.1　引　　言

医疗影像中变化的噪声、形状、颜色以及伪影使得高精度的图像分割成为一个难题。由于医疗影像中包含着多样化信息,如疾病区域大小、形状、疾病类别等,所以同时利用这些多样化病理信息提高医学图像处理精度便成了可以研究的课题。然而,由于昂贵的数据标注代价,所以同时具有疾病区域大小、形状以及疾病类别的医疗图像种类少之又少。所幸的是,相比于 3D 图像,2D 皮肤镜图像有着其标注代价相对较低、病变区域相对显著以及同时包含多任务标签等特点,因此,有相当一批皮肤镜图像用于计算机辅助皮肤病变的诊断(也即分类)和分割中。

皮肤癌是全球最常见的癌症之一,美国每年报告有超过 500 万例新的皮肤癌病例。如果能够在早期阶段发现并诊断出黑色素瘤,那么患有黑色素瘤的患者的存活率就可以从 14% 显著提高到 99% 以上。皮肤癌的诊断旨在通过使用图像特征来预测不同类型的皮肤病变,例如黑色素瘤、黑素细胞痣和基底细胞癌。分割任务旨在自动检测和划定病变边界。然而,早期皮肤癌的诊断是一项艰巨的任务,其首要原因是黑色素瘤的大小、形状和颜色以及多种类型的纹理混合在一起,使得皮肤癌外观变化很大。例如,黑色素瘤和非黑色素瘤损伤区域具有高度的视觉相似性。此外,皮肤镜图像中,目标病变及其周围组织之间的边界可能不清晰,尤其是那些存在诸如头发、血液和静脉等伪影和噪声的区域。因此,本章节的目的是建立一个基于高精度要求的自动诊断和分割的深度学习模型,并通过皮肤镜影像数据集验证算法的有效性。高精度的皮肤镜图像处理和学习方法在自动皮肤病变诊断和分割中就显得非常重要。

深度学习模型已经在医学影像的病变诊断和分割任务中做出了巨大贡献。现有的用于病变诊断和分割的方法包括两个主要类别:单任务模型和多任务模型。然而,无论是单任务模型还是多任务模型都存在局限性。诊断和分割任务具有高度相关性,仅仅只针对单个任务处理远远未达到理想的效果。

尽管已经有研究表明,分割任务中的特征能加强对诊断任务的效果,但诊断任务中的特征对于分割任务的增强作用还没有被挖掘。此外,即使多任务学习在病变分析中引起了越来越多的关注,但仍存在需要解决的挑战性问题。大多数基于多任务的病变分析网络都使用共享的编码器来提取通用特征,并针对多个任务使用不同的解码器。然而,固定编码器可能限制了模型的可扩展性。在这种架构中,不同任务的学习权重是非常难以设定的。现有工作中的常见方法是根据实验选择经验值。然而,实验指导的参数选择方法需要经过大量的训练和测试。更重要的是,手动设定的权重值通常无法应用于其他工作。大多数有监督的多任务深度学习方法依赖于大量具有支持多任务标签的数据集。这样的数据集难以获得,特别是对于医学图像而言,这限制了多任务学习算法的发展。此外,两种任务数据的不平衡也会影响模型的性能。

为了解决单任务学习体系中未充分利用潜在的知识以及多任务学习中体系结构中难以训练的问题,本章提出一种新颖的级联知识传播网络(CKDNet)。与 Song 等人、Chen 等人以及 Yang 等人的方法不同,本书使用不同的子网来执行两种任务,而不是使用共享编码器。为了迁移和聚合从不同任务中学到的知识和特征,以分别强化诊断和分割任务,本书提出了特征融合的概念,并通过新颖的特征融合模块实现级联知识的传播。

如图 3-1 所示,CKDNet 由三个子网组成,分别用于粗糙分割、精细诊断和精细分割任务。第一个分割子网络将获得粗糙的初始分割结果与具有初步位置信息的特征,以供用于诊断的子网进行特征融合。病变诊断网络将图像及其初始分割结果作为输入,以将注意力集中在与疾病相关的图像区域之上。诊断网络中的两个主要组件包括:一个新颖的特征融合模块(Entangle-Cls),该模块用于聚合从初始分割中传播下来的特征;一个通道域注意力模块,该模块增强了语义特征表示用以诊断病变类别。最后一个子网用于精细分割,其使用另一个特征融合模块(Entangle-Seg),将编码器在病变诊断过程中学习到的上下文知识传递到最终的分割网络中,达到提高分割效果的作用。

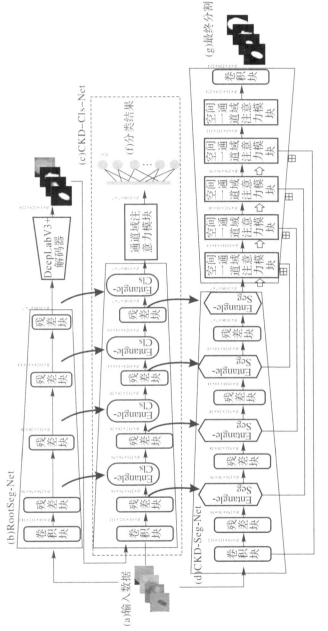

图 3-1　级联知识传播网络(CKDNet)的示意图

本章的贡献如下：提出全新的特征融合模块，该模块在具有子网的框架中传播级联知识，提高每个任务的性能。特征融合模块自适应地控制知识从一项任务传播到另一项任务，与其他多任务方法相比，避免了经验性的选择不同学习任务的权重因子。本章提出的特征融合模块和知识传播策略可以应用于其他特定任务中，而每个子网的编码器可以灵活地由其他流行的主干网络替换，增强了本模型的灵活性。笔者还基于 Dice 损失和 Focal 损失设计了有效的损失函数，减少了皮肤图像分析的类别不平衡问题。最后，实验结果表明，本书的模型无须使用外部数据集，同时也无须使用集成方法即可提高病变诊断和分割效果，验证了本书提出的特征融合组件、注意力模块和损失函数的有效性。

3.2　基于级联知识传播的分割算法

3.2.1　网络整体框架

本节假设对分类和分割中传播的知识进行聚合可以同时提高模型对两项任务的性能。皮肤病变的粗糙分割可以促使分类网络关注与疾病相关的图像区域，同时在分类过程中学习到的上下文知识会有益于最终的精细分割。为了有效地关联所学知识，本节提出一种全新的特征融合概念，利用全新的融合模块实现知识在子网中的传播。

CKDNet 模型的整体结构如图 3-1 所示。CKDNet 包含以下子网络：用于初始粗略分割的子网络（RootSeg-Net），用于病变分类的网络（CKD-Cls-Net）和用于精细分割的网络（CKD-Seg\Net）。图中每个网络块的输出特征尺寸以批大小×通道大小×高度×宽度（$B \times C \times H \times W$）格式给出。RootSeg-Net 中的编码器可关注感兴趣的病变区域 ROI，并提取上下文信息。然后，通过特征融合模块（Entangle-Cls）将上下文信息级联到 CKD-Cls-Net，用于提高分类网络性能。同样，编码器在 CKD-Cls-Net 中获得的知识将通过另一个特征融合模块（Entangle-Seg）传递到最终用于分割的 CKD-Seg-Net 中。本书使用预训练的 ResNet101 作为所有三个子网的编码器。在 CKD-Cls-Net 中，本书引入了通道域注意力模块，来增强特征的语义表示。对于 CKD-Seg-Net，本书首先在解码器中引入空间和通道域注意力模块，以改善分割时产生不确定的边界；其次利用 U-Net 的跳跃连接来实现信息从编码器到解码器的传输。

令 (x_i, y_i) 为样本对,该样本对属于皮肤病分类数据集 (X_c, Y_c),其中 y_i 是病变类型 $\{1, \cdots, C\}$ 中的一种,C 表示病变类型的数量。同理,假设 (x_j, y_j) 是分割数据集 (X_s, Y_s) 的一个样本对,其中 y_j 表示的是像素级别的真实值。给定 (X_c, Y_c) 和 (X_s, Y_s),CKDNet 的训练过程是利用已有的数据 (X_c, Y_c) 和 (X_s, Y_s) 训练的粗略分割子网络 RootSeg-Net,提升病变分类子网络 CKD-Cls-Net 的病变诊断准确性,最终强化精细分割子网络 CKD-Seg-Net 的模型性能。分类网络计算如下式所示:

$$\left.\begin{aligned} y'_i &= \varphi_{\text{dec}}\big[\varphi_{\text{enc}}(x_i)\big] \\ \forall\, x_i \in X_c,\, y_i \in Y_c : f_{\text{dec}}\{f_{\text{enc}}[x_i,\, y'_i,\, \varphi_{\text{enc}}(x_i)]\} &\to y_i \end{aligned}\right\} \qquad (3-1)$$

式中:$\varphi_{\text{enc}}(\cdot)$ 和 $\varphi_{\text{dec}}(\cdot)$ 分别表示 RootSeg-Net 的编码器和解码器;$f_{\text{enc}}(\cdot)$ 和 $f_{\text{dec}}(\cdot)$ 分别表示 CKD-Cls-Net 的编码器和解码器。本书最终的目标,高精度分割过程如下公式所示:

$$\left.\begin{aligned} y'_j &= \varphi_{\text{dec}}\big[\varphi_{\text{enc}}(x_j)\big] \\ y''_j &= f_{\text{enc}}[x_j,\, y'_j,\, \varphi_{\text{enc}}(x_j)] \\ \forall\, x_j \in X_s,\quad y_j \in Y_s : g_{\text{dec}}[g_{\text{enc}}(x_j,\, y''_j)] &\to y_j \end{aligned}\right\} \qquad (3-2)$$

式中:genc$(\cdot)$ 和 gdec$(\cdot)$ 分别表示 CKD-Seg-Net 的编码器与解码器。在训练过程中,知识从 RootSeg-Net 转移到 CKD-Cls-Net,最后传播到CKD-Seg-Net,此过程称为级联知识传播。

3.2.2　粗略分割子网络

设计 RootSeg-Net 的目的有两个:第一,获得初始病变分割,以引导病变分类子网络关注病变区域;第二,获得包含全局和局部信息的高级皮肤镜病变特征,这些特征将传播至分类网络中,以提高分类网络性能。由于粗糙分割模型不需要最大限度地提升精度,所以 RootSeg-Net 可以是任何传统的分割网络。本书为了统一实现代码,便使用 ResNet101 作为编码器,其包含一系列卷积块和残差块,如图 3-1(b) 所示。编码器已在 ImageNet 上进行了预训练。解码器与 DeepLabV3+相同。DeepLabV3+的详细架构可以在相关文献中找到。

3.2.3　病变分类子网络

CKD-Cls-Net 实现了两个目标:将 RootSeg-Net 中传播过来的特征进行聚合,并为后续的精细分割提供上下文信息。CKD-Cls-Net 的结构如图 3-1(c)所示。CKD-Cls-Net 将预处理后的皮肤镜图像及其粗糙分割概率图作为输入,目的是在学习过程中迫使网络关注感兴趣区。CKD-Cls-Net 的主要组件包括一个带有特征融合模块的编码器,通道域注意力模块和全连接层,其编码器与 RootSeg-Net 中的编码器结构相同。特征融合模块旨在将来自 RootSeg-Net 的特征与 CKD-Cls-Net 中的编码器进行集成与融合。本书在全局平均池化层和全连接层之间引入了通道域注意力模块,用于增强语义特征表示。特征融合模块和通道域注意力模块中的详细操作如图 3-2 和图 3-3 所示。

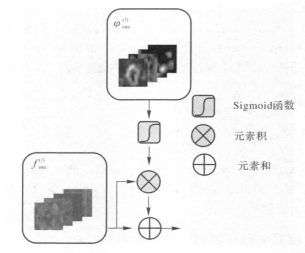

图 3-2 用于分类的特征融合模块(Entangle-Cls)示意图

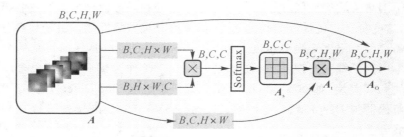

图 3-3 通道域注意力模块(ChannelAtten)示意图

3.2.3.1 分类特征融合模块

如图 3-1(c)所示,分类特征融合模块(Entangle-Cls)用于集成来自

RootSeg-Net 第 1 层残差块输出的上下文特征 $\varphi_{\text{enc}}^{(l)}(\bullet)$ 和来自 CKD-Cls-Net 中相应的第 l 层残差块输出的特征 $f_{\text{enc}}^{(l)}(\bullet)$。详细的特征融合操作如图 3-2 所示。为了放大相关特征的影响，本书首先对 $\varphi_{\text{enc}}^{(l)}(\bullet)$ 使用 Sigmoid 函数进行平滑处理。然后，通过元素积和元素和运算放大的特征的影响，迫使分类编码器注意相关区域，以增强分类编码器中的特征提取能力。假设 $o(l)$ 表示第 l 个分类特征融合模块的特征输出，其计算方式如下：

$$o^{(l)} = 1 + \sigma[\varphi_{\text{enc}}^{(l)}(x_i)] f_{\text{enc}}^{(l)}(x_i) \qquad (3-3)$$

式中：$\sigma(\bullet)$ 表示 Sigmoid 操作。由此可得，$\sigma[\phi_{\text{enc}}^{(l)}(x_i)]$ 的范围在 $[0,1]$ 之内。当 $\sigma[\phi_{\text{enc}}^{(l)}(x_i)]$ 为 0 时，融合的特征与 $f_{\text{enc}}^{(l)}(x_i)$ 相同，这意味着 RootSeg-Net 不存在有效的级联知识传播进分类网络。而 $\sigma(\bullet)$ 越大，可以从 RootSeg-Net 传播的知识越多。因此，$\sigma(\bullet)$ 具备自动控制和自适应调整的能力，以增强相关区域的影响，并减少从初始分割中获得的不相关特征的负面影响。

3.2.3.2　通道域注意力模块

给定从编码器中提取的高阶融合特征，可以将最后一个决策层（全连接层）之前的每个通道视为特定目标类别的响应信号，该信号与不同的语义决策相关联。通过利用通道之间的相互依赖关系，可以改进语义的特征表示。因此，本书使用通道域注意力模块对通道之间的相互依赖性进行建模。通道域注意力模块的详细结构如图 3-3 所示。图中 A, A_s, A_t 和 A_o 分别表示输入特征，注意力图，加注意力后的特征图，以及最终特征输出。

给定输入特征 $A \in \mathbf{R}^{B \times C \times H \times W}$，笔者将 A 调整为 $B \times C \times T$ 的大小，其中 T 等于 $H \times W$。然后，将 $A \in \mathbf{R}^{B \times C \times T}$ 和 $A' \in \mathbf{R}^{B \times T \times C}$ 进行矩阵相乘，其中 A' 是 A 的转置。最后，使用 softmax 层获得通道域注意力图 $A_s \in \mathbf{R}^{B \times C \times C}$。此外，将 A_s 和 A 的转置进行矩阵乘法并重新调整矩阵形状，从而获得注意力图 $A_t \in \mathbf{R}^{B \times C \times H \times W}$。最终特征输出 A_o 的计算公式为

$$A_o = \delta A_t + A \qquad (3-4)$$

式中：δ 是可学习的权重。通道域注意力模块对特征图之间的依赖性进行建模，同时增强了特征表示能力。

3.2.4　精细分割子网络

已有的研究表明，分类模型倾向于关注图像的特定区域而非整个图像来进行决策。识别和可视化这些特定区域的常用方法是通过 CAM。一种显而易见的方法是直接使用类别激活映射图来增强分割的效果，然而，CAM 突出

的图像区域可能并不总是待分割的病变区域。因此,直接使用 CAM 用于分割可能会误导分割结果。尽管如此,从分类任务中学习到的上下文信息依旧可以表示该疾病的信息特征。因此,本书提出了一种能融合分类编码器中的上下文知识与分割编码器中特征的特征融合模块。

如图 3 - 1(d)所示,CKD-Seg-Net 使用预先在 ImageNet 上训练的 ResNet101 作为编码器。特征融合模块控制来自 CKD-Cls-Net 的上下文知识,并将其与从分割编码器中提取的特征集成与融合。CKD-Seg-Net 的解码器包含空间-通道域注意力块和空间-通道域注意力输出块,加强了网络对病变边界的空间和通道信息的捕获。跳跃连接将特征从编码器的较浅层传输到解码器。图 3 - 4 和图 3 - 5 中展示了特征融合模块,空间-通道域注意力块和空间-通道域注意力输出块的详细信息。

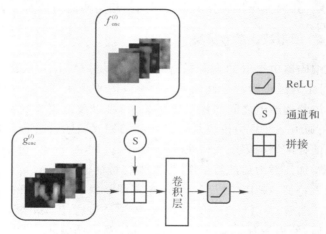

图 3 - 4　用于分割的特征融合模块(Entangle-Seg)示意图

3.2.4.1　分割特征融合模块

如图 3 - 4 所示,分割特征融合模块(Entangle-Seg)集成了来自 CKD-Cls-Net 第 l 层残差块输出的上下文特征 $f_{\text{enc}}^{(l)}(\cdot)$ 和 CKD-Seg-Net 第 l 层残差块输出的特征 $g_{\text{enc}}^{(l)}(\cdot)$。分割特征融合模块首先通过求和运算将 $f_{\text{enc}}^{(l)}(\cdot)$ 中的所有通道特征融合在一起,然后将这些上下文特征乘以可学习的平衡因子 μ,μ 作为一个训练权重参数,在训练过程中自动学习,以调整从分类中获取的上下文特征的影响。随后,将调整后的分类特征 $\mu f_{\text{enc}}^{(l)}(\cdot)$ 融合到分割特征 $g_{\text{enc}}^{(l)}(\cdot)$。最后,将级联的特征依次送入具有 1 个填充(Padding)的 3×3 卷积层,批归一化处理层（Batch Normalization，BN）和修正线性（Rectified Linear Unit，ReLU）激活层。

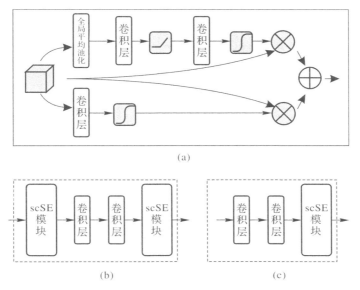

(a)

(b)　　　　　　　　　　　(c)

图 3-5　空间-通道域注意模块（Spatial Channel Atten）和空间-通道域注意力输出（Spatial Channel Atten Out）示意图

3.2.4.2　空间-通道域注意力模块

CKD-Seg-Net 的解码器由三个空间-通道域注意力模块（spatial channel atten），一个空间-通道域注意力输出模块和一个卷积层组成。如图 3-5（b）所示，空间-通道域注意力模块由并行空间和通道挤压与激励（concurrent spatial and channel Squeeze and Excitation，scSE）模块，两个卷积层以及一个 scSE 模块组成。Roy 等人已证明，scSE 模块可以增强空间和通道相关信息的提取，因此该模块被用于提高分割网络的性能。空间-通道域注意力输出/（spatial channel atten out）模块由两个卷积层和一个 scSE 模块组成。

3.2.5　损失函数

在皮肤病变诊断任务中，本书使用加权交叉熵（WCE）损失函数。权重的大小是根据训练数据中每种病变类型的样本数而定。加权交叉熵损失函数定义为

$$\text{WCE} = -\frac{1}{N} \sum_{i=1}^{N} \sum_{c=1}^{C} \beta_i^c \, p_i^c \ln \hat{p}_i^c \qquad (3-5)$$

式中：β_i^c 表示样本属于类别 c 的权重；$\hat{p}_i^c$ 表示样本 i 的预测概率；p_i^c 表示真实类别；N 表示样本总数；C 表示病变类型总数。

对于分割任务，本书提出了组合的 Dice 损失（DL）和 Focal 损失（FL），改善了在不确定病变边界处的分割性能。组合的分割损失（SL）定义为

$$\text{SL} = \text{DL} + \lambda_1 \text{FL} \qquad (3-6)$$

DL 表示为

$$\text{DL} = 1 - \frac{2 \sum_{j=1}^{M} q_j \hat{q}_j}{\sum_{j=1}^{M} q_j^2 + \sum_{j=1}^{M} \hat{q}_j^2} \qquad (3-7)$$

式中：$\hat{q}_j$ 表示像素 j 的预测概率；q_j 表示真实值；而 M 表示像素总数。FL 的定义如下：

$$q_t = \begin{cases} \hat{q}_j, & q_j = 1 \\ 1 - \hat{q}_j, & q_j \neq 1 \end{cases} \qquad (3-8)$$

$$\text{FL} = \sum_{j=1}^{M} \sum_{c=1}^{C} -\alpha_t (1 - q_t)^\gamma \ln q_t \qquad (3-9)$$

3.3　数据集介绍

本节使用 2017 年和 2018 年皮肤病变挑战数据集来验证所提出的级联知识传播学习模型的性能。在 2017 年的皮肤病数据中，每张皮肤镜图像同时具备诊断类别和分割标签。在 2018 年的皮肤病数据中，每一张图像只具备诊断类别或者分割标签。因此，2018 年数据集用于证明级联知识传播模型的可拓展性。

2017 年皮肤病变挑战数据集（ISIC2017）：ISIC2017 中的每个图像都具有疾病的类型和像素级别的分割金标准。该数据一共包含三种类型的病变，包括黑色素瘤（Melanoma）、痣（Nevus）和脂溢性角化病（Seborrheic Keratosis）。病变分割的金标准由专家手动标定。ISIC2017 一共包含 2 000 个训练样本，150 个验证样本和 600 个测试样本，其图像的大小从 453×679 到 4 499×6 748 像素不等。病变诊断任务具有两个独立的子分类任务。第一个子分类

任务旨在区分黑色素瘤、痣和脂溢性角化病,而第二个任务目标是区分脂溢性角化病、痣和黑色素瘤。训练数据集中病变类型的比例为 374 个黑色素瘤,254 个脂溢性角化病和 1 372 个痣。

2018 年皮肤病变挑战数据集(ISIC2018):ISIC2018 提供了独立用于诊断和分割任务的皮肤图像。对于诊断任务,一共包含有 10 015 个训练图像。所有图像均分为以下七种类别之一:黑色素瘤(Melanoma)、黑素细胞痣(Melanocytic Nevus)、基底细胞癌(Basal Cell Carcinoma)、光化性角化病/鲍恩氏病(Actinic Keratosis/Bowen's Disease)、良性角化病(Benign Keratosis)、皮肤纤维瘤(Dermatofibroma)和血管病变(Vascular Lesion)。在训练数据集中,上述病变类别的数据量分别为 11 136,705,514,327,1 099,115,142;对于病变分割任务,一共包含有 2 594 张图像和相应的金标准。挑战赛主办方不提供这两个任务中测试数据的标签,需要参赛者提交分割结果至官方网站。值得注意的是,ISIC2018 数据集用于验证本书提出的模型的可拓展性。

3.4 模型评估指标

ISIC2017 中用于分类任务的官方评估指标包括接收者操作特征曲线下面积(Area Under the receiver operating characteristic Curve,AUC)、准确度(Accuracy,ACC)、灵敏度(Sensitivity,SEN)、特异性(Specificity,SPC)和阳性预测值(Positive Predictive Value,PPV)。分类任务的评估指标包括雅卡尔指数(Jaccard,JA)、准确度(ACC)、灵敏度(SEN)、特异性(SPC)和 Dice 值(Dice)。

对于 ISIC2018 中的分类任务,官方提供了多类别准确性(Balanced Multi-class Accuracy,BMA)用以评估整体分类性能。除了多类别准确性,分类性能还通过 SEN,SPC,ACC,AUC,Dice,PPV 和负预测值(Negative Predictive Value,NPV)进行衡量。ISIC2018 中的分割任务的评价指标阈值雅卡尔指数(Thres Jaccard)的计算方式为

$$\text{Thres\_Jaccard} = \begin{cases} 0, & J(\text{SR},\text{GT}) \leqslant 0.65 \\ J(\text{SR},\text{GT}), & \text{其他} \end{cases} \quad (3-10)$$

式中:$J(\text{SR},\text{GT})$ 表示分割结果(SR)和金标准(GT)之间的 Jaccard。$J(\text{SR},\text{GT})$ 的定义如下:

$$J(\text{SR},\text{GT}) = \frac{|\text{SR} \cap \text{GT}|}{|\text{SR}| + |\text{GT}| - |\text{SR} \cap \text{GT}|} \qquad (3-11)$$

最后,整个数据集的指标取每个图像的平均 Jaccard。为了与 ISIC2017 的分割任务评估保持一致,ISIC2018 上还计算了 SEN,SPC,ACC,JA 和 Dice。

3.5　实验参数设定

(1)网络结构。

整体网络结构与每个网络模块的输出特征大小如图 3-1 所示。具体来说,主干的结构与 ResNet101 的平均池化层之前的层相同,该主干由一个卷积块和四个残差块组成。卷积块由具有步幅为 2 和填充为 3 的 7×7 卷积核的卷积层、批归一化处理层、激活层和最大池化层组成。由于 CKD-Cls-Net 的输入来自预处理后图像与 RootSeg-Net 的粗略分割结果,所以本书将 CKD-Cls-Net 的卷积块的输入通道设置为 4,其中第四个通道的权重通过平均其他三个通道的权重来初始化。每个残差块的参数都可以在 He 等人的研究中找到。RootSeg-Net 的解码器使用了 DeepLabV3+同款解码器。CKD-Cls-Net 的其余模块包含通道域注意力块,全局平均池化层(Global Average Pooling,GAP)和用于最终预测的全连接层。

(2)预处理和数据增强。

训练过程中的数据增强包括在垂直和水平方向上的随机翻转,在[0.01,0.1]范围内的平移仿射变换,在[0.9,1.1]范围内的缩放以及最大 90°的旋转。此外,还对转换后的图像进行中心裁剪,并将其调整为 224×224 像素大小。最后,所有训练图像都用 ImageNet 的标准偏差和平均值进行了标准化。

(3)训练参数。

本书将用于分类的批次大小设置为 32,用于分割的批次大小设置为 16。本实验使用权重衰减为 0.000 1 的 Adam 优化器优化网络。初始学习速率为 0.000 1,如果性能在 20 个训练周期(Epoch)内没有改善,则该学习率除以 10。RootSeg-Net,CKD-Cls-Net 和 CKD-Seg-Net 的训练周期分别设置为 20,100 和 100。对于式(3-6)中的损失函数,笔者将 λ_1 设置为 1,式(3-9)中的 α 和 γ 与相关设置相同。该模型是使用 PyTorch 实现,在一张 Tesla P100 图形显卡训练的。

3.6　实　验　验　证

3.6.1　分类方法

3.6.1.1　ISIC2017

为了在 ISIC2017 的分类任务中验证 CKDNet 的性能,本书检索了已公开发表的最先进的结果。任务 1(黑色素瘤与痣和脂溢性角化病)和任务 2(脂溢性角膜炎与痣和黑色素瘤)的分类结果列于表 3-1。值得注意的是,排名靠前的最先进方法或使用模型集成策略,或额外使用从 ISIC 档案①收集的外部数据用以训练,或同时使用这两种方法来提高性能。但是,本书提出的方法无须使用任何外部数据或任何网络集成方法即可达到非常卓越的性能。

总体而言,本书提出的模型取得了最佳的 AUC 均值,即 0.932,优于多模型集成的方法,也优于使用外部数据训练的方法,并优于结合使用模型集成和外部数据的方法。具体来说,对于分类任务 1,本书提出模型的 AUC 达到了0.905,比所有集成模型当中最好的模型高 1.4% AUC,比所有使用外部数据模型当中最好的模型高 3.0% AUC。CKDNet 的 ACC 为 0.881,比使用外部数据的模型略低 0.7%,位居第二。在分类任务 2 中,CKDNet 与表现最佳的模型相比,相差了 0.3% AUC。但是,与之比较而言,本书用于训练的数据大大减少。

3.6.1.2　ISIC2018

ISIC2018 的分类任务需要区分七种不同类型的皮肤病。为了公平比较,本书设置所有其他比较方法的预处理方法、损失函数以及超参数与笔者的模型保持一致。评估结果如表 3-2 所示。在所有评估指标中,本书提出的模型均优于其他方法。

根据两种实验,可以得出几个结论:

(1)CKDNet 模型提高了分类任务的效果,尤其是对于 ISIC2017 中黑色素瘤与痣和脂溢性角化病的分类任务以及 ISIC2018 中的七分类任务。

(2)即使没有外部数据和没有多个网络集成,本书提出模型的皮肤病诊断的性能也得到了改善。所提出的特征融合模块将粗糙分割中获取的上下文知识与自身分类网络的特征融合可以用于解释该性能的提高。

---

① 　https://www.isic-archive.com.

表 3 – 1 ISIC2017 皮肤病诊断实验对比结果

方法	集成	外部数据	任务 1					任务 2				均值	
			AUC	ACC	SEN	SPC	PPV	AUC	ACC	SEN	SPC	AUC	PPV
Harangi	有	无	0.851	0.852	0.402	0.719	—	0.930	0.880	0.711	0.851	0.891	—
GP-CNN-DTEL	有	无	0.891	0.850	0.376	0.965	—	0.960	0.935	0.722	0.973	0.926	—
SDL	无	有	0.868	0.888	—	—	0.720	0.958	0.925	—	—	0.913	0.840
DeVries 等人	有	有	0.836	0.845	0.350	0.965	—	0.935	0.913	0.556	0.976	0.886	—
Bi 等人	有	有	0.870	0.858	0.427	0.963	—	0.921	0.918	0.589	0.976	0.896	—
Menegola 等人	有	有	0.874	0.872	0.547	0.950	—	0.943	0.895	0.356	0.990	0.908	—
DermaKNet	无	有	0.873	—	—	0.460	—	0.962	—	—	0.843	0.917	—
ARL-CNN	无	有	0.875	0.850	0.658	0.896	—	0.958	0.868	0.878	0.867	0.917	—
Barata 等人	有	无	0.855	—	0.735	0.838	—	0.932	—	0.611	0.972	0.894	—
CKDNet	无	无	0.905	0.881	0.700	0.925	0.738	0.959	0.923	0.689	0.965	0.932	0.854

表 3 - 2　ISIC2018 皮肤病诊断实验对比结果

方法	AUC	ACC	SEN	SPC	Dice	PPV	NPV	BMA
ResNet34	0.943	0.945	0.707	0.963	0.718	0.737	0.953	0.727
DenseNet121	0.944	0.949	0.715	0.962	0.732	0.756	0.959	0.724
ARL	0.934	0.934	0.689	0.959	0.665	0.657	0.944	0.711
Barata 等人	0.936	—	0.637	0.956	—	—	—	0.641
CKDNet	0.975	0.963	0.802	0.976	0.810	0.836	0.966	0.816

3.6.2　分割方法

3.6.2.1　ISIC2017

在 ISIC2017 分割实验上,CKDNet 表现卓越,最佳 JA 值达到了 0.800,ACC 值达到了 0.946(见表 3 - 3)。本书提出模型的 Dice 指标排名第二,略低于最佳模型 0.1%。

表 3 - 3　ISIC2017 皮肤病分割实验对比结果

方法	JA	Dice	ACC	SEN	SPC
DDN	0.765	0.866	0.939	0.825	0.984
CDNN	0.765	0.849	0.934	0.825	0.975
SLSDeep	0.782	0.878	0.936	0.816	0.983
FCN＋SSP	0.773	0.857	0.938	0.855	0.973
Yuan 等人	0.765	0.849	0.934	0.825	0.975
Berseth 等人	0.762	0.847	0.932	0.820	0.978
Chen 等人	0.787	0.868	0.944	—	—
SegAN	0.785	0.867	0.941	—	—
Bi 等人	0.771	0.851	—	—	—
Bi 等人	0.760	0.844	0.934	0.802	0.985
Goyal 等人	0.793	0.871	0.941	0.899	0.950
CKDNet	0.800	0.877	0.946	0.887	0.961

如图 3-6 所示,本书筛选了包含多种尺寸、不同病变类型以及不同周围组织的 18 个案例,金标准和分割结果分别以绿色和蓝色线表示。如编号"ISIC 0014503""ISIC 0014278""ISIC 0016055"和"ISIC 0015031"所示,即使周围有头发、静脉和其他伪影,本书提出的模型也可以准确地分割包含各种大小和纹理的病变。此外,如编号"ISIC 0013242""ISIC 0013242""ISIC 0014666"和"ISIC 0015203"所示,与金标准相比,本书的模型获得的病变边界更加靠近病变区域。

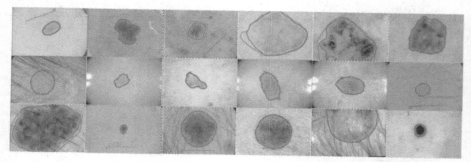

图 3-6　黑色素瘤(MEL)、脂溢性角化病(SBK)和痣(NEV)的分割结果

3.6.2.2　ISIC2018

除 SPC 之外,本书的模型在 5 种评估指标中均取得了最佳结果(见表 3-4)。

表 3-4　ISIC2018 皮肤病分割实验对比结果

方法	SEN	SPC	ACC	JA	Dice	Thres Jaccard
FCN8s	0.949	0.905	0.918	0.753	0.848	0.666
U-Net	0.914	0.942	0.918	0.761	0.851	0.680
DeepLab	0.944	0.913	0.924	0.768	0.858	0.698
R2U-Net	0.894	0.967	0.920	0.782	0.861	0.713
BCDU-Net	0.885	0.947	0.911	0.752	0.838	0.681
CKDNet	0.967	0.904	0.934	0.794	0.877	0.742

总而言之,CKDNet 同时在 ISIC2017 和 ISIC2018 数据集的 JA 和 ACC

上获得了最佳分割表现。在没有外部数据集或模型集成的情况下,实验结果通过融合分类任务中的级联知识证明了本书分割方法的能力。值得注意的是,本书提出的 CKDNet 并不是基于多任务的方法,这意味着 CKDNet 不要求一批数据同时拥有分类和分割的注释,这极大地减少了标注的工作量,同时又提高了精度。

3.6.3　消融实验

3.6.3.1　CKD-Cls-Net 中模块有效性分析

本书针对分类任务 1 在 ISIC2017 数据集上进行了消融实验,以验证特征融合模块对级联知识传播的集成和通道域注意力模块对增强特征表示的贡献。如表 3 - 5 所示,其中 ResNet101 是基准模型,ResNet101 ＋ ChannelAtten 表示在基准模型的基础上添加了通道域注意力模块的网络模型,ResNet101 ＋ Entangle-Cls 表示在基准模型的基础上添加了分类特征融合模块的网络模型。与 ResNet101 相比,ChannelAtten 模块将 AUC,SEN 和 PPV 分别提高了 3.0％,11.9％,4.6％,而 Entangle-Cls 模块则提高了所有的指标。将 Entangle-Cls 和 ChannelAtten 融合后所提出的 CKD-Cls-Net 进一步改善了皮肤病诊断结果。为了直观地显示改进的性能,图 3 - 7 展示了 AUC 曲线和精确率–召回率(Precision-Recall)曲线。与基准模型相比,曲线显示 ChannelAtten 和 Entangle-Cls 模块都有助于提高性能。具体来说,与 ResNet101 相比,ChannelAtten 模块将平均精度(Average Precision,AP)提高了 4.6％,而 Entangle-Cls 模块将 AP 的平均精度提高了 10.2％,这证明了所提出的 Entangle-Cls 模块的有效性。实验结果表明,CKDNet 的 AP 达到 73.8％,优于其他方法。

表 3 - 5　CKDNet 分类网络中模块有效性分析实验结果

方法	AUC	ACC	SEN	SPC	PPV
ResNet101	0.849	0.847	0.556	0.917	0.616
ResNet101＋ChannelAtten	0.879	0.841	0.675	0.882	0.662
ResNet101＋Entangle-Cls	0.895	0.878	0.667	0.930	0.719
CKDNet	0.905	0.881	0.700	0.925	0.738

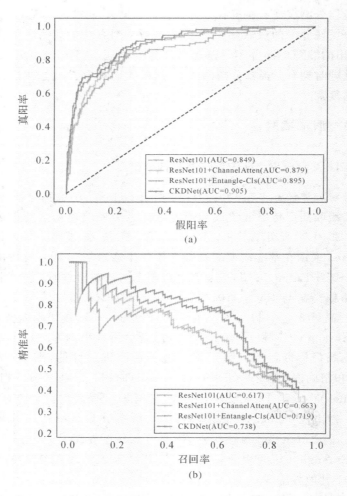

图 3-7　验证模块功能的 AUC 曲线和精确率-召回率曲线

(a)AUC 曲线；　(b)精确率-召回率曲线

　　此外,本书还使用 t 分布随机邻居嵌入(t-distributed Stochastic Neighbor Embedding,t-SNE)来解释分类任务中不同模型构建的高阶语义潜在特征空间中图像样本的分布。本书从每个模型的倒数第二层提取了 2 048 维特征(2 048×1),并通过 t-SNE 将其编码降维。如图 3-8 所示,红色、黄色和绿色的点分别表示黑色素瘤、脂溢性角化病和痣数据。从图中可以看出,尽管 CKD-Cls-Net 在完全区分高阶特征方面仍存在一些问题,但是与其他两种方法相比,不同类别的样本在高阶语义空间中的更容易辨别。该结果进一步证明了 Entangle-Cls 在 CKD-Cls-Net 中对级联知识融合的贡献。

图 3-8　t-SNE 可视化三种分类方法提取的高阶特征

最后,本书使用 CAM 来解释分类的过程中模型的关注区域。如图 3-9 所示,本书挑选了四个来自不同分类网络的示例图。

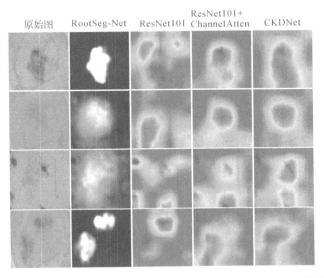

图 3-9　RootSeg-Net 粗糙分割结果与各个模型的 CAM 可视化

实验表明,仅使用 ResNet101,网络就无法有效地关注病变区域。将 ChannelAtten 模块添加到 ResNet101 后,模型的关注点开始移向感兴区域。与 ResNet101 和 ResNet101＋ChannelAtten 相比,CKD-Cls-Net 覆盖了与诊断结果最直接相关的区域。该实验结果表明,CKD-Cls-Net 具备捕获与疾病相关的上下文信息,用于分类任务的能力。

3.6.3.2　CKD-Seg-Net 中模块有效性分析

本书进一步评估了精准分割子网络中 Entangle-Seg 模块以及各个损失函数的贡献。表 3－6 展示了在 ISIC2017 分割测试数据集上所有数据使用不同损失函数测试的统计结果,表中数据以均值±标准差形式展示。基准模型是不含 Entangle-Seg 模块的 CKD-Seg-Net。本实验测试了二元交叉熵(Binary Cross-Entropy,BCE)损失函数,Dice 和 Focal 损失函数。与 BCE 损失函数相比,使用 Dice 损失函数在所有五个评估指标中均显著提高了分割性能。使用组合的 Dice 和 BCE 损失函数可进一步改善 JA,Dice 和 SEN 结果,但不利于 SPC。当使用组合的 Dice 和 Focal 损失函数时,JA,Dice 和 SEN 的值会增加,而 SPC 的值会进一步降低,ACC 保持不变。最终,本书提出的融合了 Entangle-Seg 模块的 CKDNet(即 CKDNet 中的 CKD-Seg-Net)以及使用了组合的 Focal 和 Dice 损失函数极大地提升了 JA(0.800±0.166),Dice(0.877±0.138),ACC(0.946±0.082),SEN(0.887±0.164)和 SPC(0.961±0.095)。从实验中可得出结论,首先,当处理类别不平衡问题时,Dice 和 Focal 损失的组合相比于 BCE 和 Dice 损失函数可以取得更好分割结果。其次,提出的 Entangle-Seg 模块融合了从分类任务中传播过来的知识,进而提高了模型的能力。

表 3－6　CKDNet 分割网络中模块有效性分析实验结果

方法	JA	Dice	ACC	SEN	SPC
BCE	0.777±0.197	0.856±0.175	0.938±0.096	0.860±0.198	0.959±0.107
Dice	0.785±0.185	0.864±0.157	0.941±0.090	0.853±0.189	**0.969±0.077**
Dice＋BCE	0.789±0.180	0.867±0.150	0.941±0.090	0.864±0.176	0.966±0.085
Dice＋Focal	0.795±0.174	0.872±0.146	0.941±0.092	0.883±0.157	0.958±0.102
CKDNet	**0.800±0.166**	**0.877±0.138**	**0.946±0.082**	**0.887±0.164**	0.961±0.095

注:最佳响应以粗体突出显示。

除此之外,本书还可视化了使用 Entangle-Seg 模块和使用不同损失函数组合所得到的分割结果。如图 3 - 10 所示,金标准和分割结果分别以绿色和蓝色线表示。本书提出的 CKDNet 模型获得了最好的分割结果,尤其在边界不确定的区域。该优异的表现主要归功于 Entangle-Seg 模块中可学习的权重平衡因子 μ,该权重因子可根据分类结果调整上下文信息的贡献,进而提升分割效果。

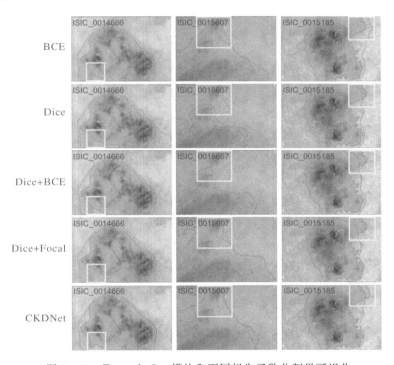

图 3 - 10　Entangle-Seg 模块和不同损失函数分割果可视化

3.6.4　参数设定实验

如前所述,在多任务学习算法中,超参数的调整和选择既费时又费力。相反,本书提出的模型包含较少数量需要调整的超参数,因此便于优化模型。首先,RootSeg-Net 的目的是生成粗糙的病变分割结果,用于指导 CKD-Cls-Net,促使 CKD-Cls-Net 关注与疾病相关的图像区域。因此,在 RootSeg-Net 中选择最佳的超参数是不必要的。其次,在提出的 CKD-Cls-Net 中,存在两个重要的超参数,即编码器(也即是主干网络 ResNet101)和剩余网络块的学习率(learning rate,lr)。本书针对编码器尝试了 1×10^{-3},1×10^{-4} 和 1×10^{-5}

的 lr 设置,并针对剩余网络块设置了 1×10^{-3},1×10^{-4} 和 1×10^{-5} 的学习率进行测试。在验证集上的实验结果如图 3-11(a)所示,这表明,给定剩余网络块的相同学习率,1×10^{-4} 是预训练编码器的最佳学习率。实验结果符合正常参数设定,因为编码器已经在 ImageNet 上进行了预训练,与从头开始训练的编码器相比,使用预训练的权重使得训练模型相对容易。当编码器的学习率太高时,CKD-Cls-Net 收敛变得不稳定。相反,当编码器的学习率太小时,CKD-Cls-Net 将花费很多时间来收敛。另外,1×10^{-4} 也是 CKD-Cls-Net 中剩余网络块的最佳学习率。因此,在本书中,笔者根据经验将学习率设置为 1×10^{-4}。最后,对于 CKD-Seg-Net,笔者通过设定不同 λ_1 值,查看验证集上的实验结果,得到设定最佳的 λ_1。实验最初的经验观察表明,λ_1 的值处于 0.1~3 之间。此外,当模型达到收敛时,DL 和 FL 处于相同的量级。因此,本书将 λ_1 的值设置为 0.1,0.5,1,1.5,2,2.5 和 3。如图 3-11(b)所示,当 λ_1 设置为 1 时,CKD-Seg-Net 在 ISIC2017 验证数据集上获得了最高的 ACC。因此,本书设定 λ_1 为 1。

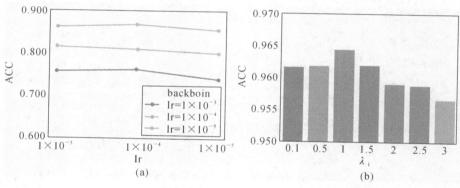

图 3-11　参数设定实验结果

3.7　本章小结

本章提出了基于高精度要求的级联知识传播的模型,并使用皮肤病图像验证算法的有效性。为了充分利用诊断任务和分割任务的上下文特征,本章提出针对特定任务的特征融合模块,这两个模块促进了学习并大大提高了性能。此外,提出了基于 Dice 损失和 Focal 损失的组合损失函数,以减少用于分割任务的图像中类别不平衡问题。实验证明,与最先进的皮肤病变诊断和分割方法相比,所提出的 CKDNet 体系结构在无须使用任何外部数据或以任何集成模型的方式取得了更加卓越的性能。

综上所述,本章针对如何有效地利用多任务信息来提高医疗图像分析精度的问题展开研究,其核心的问题是在已有标注数据量较少的情况下,尽量使用多任务信息提高模型的精准度。由于皮肤镜图像有着标注代价相对较低、病变区域相对显著以及同时包含多任务标签等特点,所以本章在皮肤病数据集上进行了验证。本书提出了两种特征融合机制,分别有效地加强了模型诊断和分割的性能,新模型的分割精度也超越了当下最先进的方法。此外,本章以深度学习为技术支持,提出的监督学习方法也为后续半监督学习提供了基础。本书提出的多子网中知识传播也为后续半监督学习中网络模型提供借鉴意义。因此,本章针对后续研究的展开起到了过渡作用。

第4章 基于形状感知对比的
分割算法研究

本章进一步研究医学影像处理中,对模型精度要求极高的问题,研究食管、肿瘤和周围组织之间的对比度较低以及肿瘤形状不规则时,如何有效利用形状感知正则化提高深度学习模型对医疗影像诊断和分割的精度;主要论述并分析现有自动生物医学图像分割方法的有限性,并提出一种基于形状感知对比深度监督网络;在食管癌数据集上验证算法的有效性。

4.1 引　　言

食管癌(EC)是一种起源于消化道食管黏膜上皮的恶性肿瘤。它被称为全球第七大常见癌症和第六大致命癌症,严重威胁着人们的生命。食管肿瘤(Esophageal Tumor,ET)的精确定位和分割对于精准手术、放疗和化疗治疗计划至关重要,以避免潜在的并发症,例如会大大缩短生存时间的食管瘘。ET 的准确分割可以改善患者的预后,并作为在符合食管造瘘术条件的无症状早期进一步诊断的基础。然而,与其他肿瘤的分割不同,准确识别 ET 位置需要放射肿瘤学家通过多种检查(如全内镜检查)、造影剂食管造影并结合专业知识做出诊断。

近年来,自动化生物医学数据分析技术取得了可喜的成果。Okaty 等人开发了一种注意力模型(AttU-Net),用于在计算机断层扫描(CT)中分割胰腺。Zhou 等人提出了一种用于息肉、肝脏和细胞核分割的嵌套 U-Net(U-Net+ +)结构。U-Net+ +展示了深度监督在分割任务中的成功。U-Net 3+ 利用了全尺寸跳跃连接和深度监督,并在肝脏分割上验证了 U-Net 3+ 的有效性。由于构建足够大的 3D 医学分割数据集具有挑战性,所以提出了预训练的 Med3D 和 Genesis UNet。最近,Wang 等人通过 PFNet 对肺部 CT 扫描的肺纤维化进行了分割。Hatamizadeh 等人将视觉转换器块整合到全卷积神经网络(FCN)中,从而提出了用于脑肿瘤和脾脏分割的 UNETR。

尽管在自动生物医学图像分割方面取得了实质性进展,但从 CT 中自动进行 ET 分割存在三个主要挑战。首先,ET 可能出现在管状食管的任何位置,管状食管是尾部解剖器官的长颅。其次,食管纵向肿瘤扩展可能在颅尾缘处有变化。最后,ET 与周围组织之间的对比度较低。因此,自动 ET 分割和诊断仍处于起步阶段而且分割方法很少。Jin 等人提出了一种基于 U-Net 的双流链式深度融合框架,命名为渐进语义嵌套网络(PSNN),用于基于 PET 和 CT 图像的 ET 分割,以提高性能。笔者通过收集 ET 患者的 250 个 PET/CT 扫描来验证该模型。Yousefi 等人提出了一种扩张密集注意力 UNet(DDAUNet),利用密集块的空间和通道注意力门进行 ET 分割。对于其他 ET 诊断任务,Yue 等人提出了一种多损失解纠缠表示学习方法,以融合 ET 诊断中的互补信息。Lin 等人提出了一种基于深度学习的食管癌生存预测框架。

上述最先进的 ET 分割方法仍有一些局限性。首先,形状信息在医学图像分割中至关重要。然而,现有的方法忽略了形状感知正则化。其次,当 ET 与周围器官的对比度较低且边界定义模糊时,上述方法无法成功且令人满意地从 CT 中分离出整个 ET 结果。

受到最近对比学习研究的启发,笔者收集了 558 例 EC 患者的 CT 扫描,并开发了一种新的可插拔形状感知对比深度监督网络(SCDSNet)。图 4-1 显示了该方法的核心思想。首先,SCDSNet 具有形状感知正则化来集成与形状相关的特征,其中笔者通过引入额外的形状头来正则化形状感知约束,从而保留分割掩码的完整形状。其次,SCDSNet 具有体素到体素对比深度监督策略,以增强肿瘤与邻近区域之间的对比度。笔者在解码阶段通过难样本选择增强了边界附近的体素级约束,并结合了深度监督策略。

这项研究的贡献有三个方面:首先,笔者提出了一种名为 SCDSNet 的新型形状感知深度监督方法,通过对肿瘤与其他组织或器官之间边界附近的区域实施形状感知体素水平的约束。其次,据笔者所知,收集到的数据集是迄今为止最大的 ET 分割数据集。最后,实验结果和与现有方法的对比证明了所提出的 SCDSNet 在 ET 分割方面的优越性。

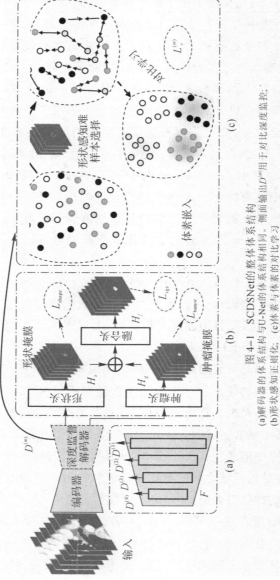

图 4-1 SCDSNet的整体体系结构

(a)解码器的体系结构与U-Net的体系结构相同。侧面输出$D^{(m)}$用于对比深度监控;
(b)形状感知正则化; (c)体素与体素的对比学习

注:每个形状感知体素嵌入接近同一类别(即肿瘤的体素,但对于来自不同类别(即周围组织)的体素则被推得更远。
因此,为了提高肿瘤图像的分割性能,特别是图像中的不规则形状和模糊边界,笔者提出了结构更好的嵌入空间。

4.2 基于形状感知对比的分割算法

图 4-1 说明了用于 ET 分割的 SCDSNet。笔者的 SCDSNet 使用 U-Net 作为分割骨干,包含形状感知正则化和体素到体素对比深度监督来约束边界区域。

4.2.1 形状感知正则化

形状感知正则化由两个模块组成:形状感知正则化(SR)和形状熵最小化(SE)。给定一个图像 $x \in \mathbf{R}^{H \times W \times D}$ 及其独热标签 y,笔者使用带有高斯滤波操作的反转二进制侵蚀从 y 中提取二进制形状相关的掩码 y_s。基于 ET 不确定区域主要来自颅尾缘和模糊边界区域的临床观察,笔者建议在训练阶段明确纳入形状约束,以鼓励分割有效保留 ET 的形状。对于 SR,设计了一个轻量级的形状头(H_s),如图 4-1(b)所示,用于提取形状特征,与肿瘤头(H_g)并行。为了进一步整合形状感知正则化,笔者提出了一个融合头,如图 4-1(b)所示。三个头部的结构是具有相同数量输出通道的卷积层。对于 SE 而言,不确定性度量被认为是进一步缓解边界附近任何模糊性的最佳策略。笔者直观地最小化预测形状的熵。

因此,形状感知正则化损失函数 L_{shape} 定义为

$$\left.\begin{array}{l} \hat{y}_s = H_s \big[F(z) \big] \\ L_{\text{shape}} = L_{\text{ce}}(\hat{y}_s, y_s) - \sigma(\hat{y}_s) \ln \sigma(\hat{y}_s) \end{array}\right\} \tag{4-1}$$

式中:H_s 是附加的形状头;F 表示图 4-1(a)中 U-Net 架构的解码器;z 是 U-Net 编码器产生的潜在空间特征;L_{ce} 表示 SR 的交叉熵损失函数;σ 表示 SE 的 softmax 函数。这里,SR 和 SE 同时控制训练损失,旨在实现增强的形状预测结果。

4.2.2 体素到体素的对比性深度监督

1.体素到体素对比学习

为了提取和利用体素之间的关系,笔者提出了体素级对比学习,以强制相似体素的嵌入特征更接近,而不同体素的嵌入特征相距较远。与相关文献中的对比学习不同,笔者的对比损失计算中的数据样本是在体素水平上训练的,以惩罚密集体素预测之间的关系。此外,对于带有 GT 标签的体素 v,正样本

是属于同一类的体素,而负样本是属于其他类的体素。体素对比损失定义为

$$L_v = \frac{1}{|P_v|} \sum_{v^+ \in P_v} \left[-\ln \frac{\exp(v \cdot v^+ \tau)}{\exp(v \cdot v^+ \tau) + \sum_{v^- \in N_v} \exp(v \cdot v^- \tau)} \right] \quad (4-2)$$

式中:$v^+ \in P_v$ 和 $v^- \in N_v$ 表示体素 v 的正嵌入和负嵌入;P_v 和 N_v 分别是正集和负集;$v \in R^c$ 代表 c 通道特征;τ 是温度常数。

新的基于体素到体素对比度的损失设计的目的是通过将相同的类体素样本拉在一起并将不同的类样本推开来学习和构建嵌入空间,如图 4-1(b)所示。

2. 形状感知难样本选择

考虑到 3D 卷积运算的计算成本很高,体素级对比学习可能会消耗大量计算资源。例如,大型体积特征图中的体素数可以超过 100 万。除了降低计算成本外,笔者还致力于在分割时促进完整的形状。因此,笔者鼓励通过选择与难分割形状相关的样品来勾定边界以帮助难样本选择。具体而言,预测不正确的体素被视为难样本。对于嵌入 $D^{(1)}$ 的侧面输出特征,笔者按如下方式选择难样本。首先,笔者计算形状头对 $\hat{y}_s$ 的预测,并选择所有与边界划定 y_s 相比预测不正确的体素。其次,沿 ET 形状边界随机选择 K 个硬质正负样本,可以显著降低计算成本;为了计算体素对比损失[见式(4-1)],笔者沿 ET 形状的边界随机过滤掉 $K/2$ 个难样本,并添加 $K/2$ 个简单样本(即具有正确预测的体素)以形成 K 正负样本的集合。因此,笔者鼓励对比模型更多地关注易难分割形状感知体素进行分割,并减少对计算资源的使用。

3. 深度监督

由于分割需要预测输出体积中所有与形状相关的体素,所以仅惩罚解码器的最终输出以提取形状感知特征是不够的。受 U2-Net 深度监督训练过程的启发,笔者开发了一种形状感知的深度监督训练策略。与空间分辨率输出较低[即 $D^{(2)}$,$D^{(3)}$ 和 $D^{(4)}$]的解码器早期阶段一样,下采样的二进制形状相关掩码 y_s 更好地匹配不可用的实际 GT。因此,笔者通过对形状掩码 y_s 进行下采样,将深度监督集成到分割网络的解码器中,并强制执行深度监督对比损失(L_{dcl})。在数学上,对于体素 v,形状感知深度监督的训练过程定义为

$$L_{dcl} = \frac{1}{M} \sum_{m=1}^{M} L_v^{(m)} \quad (4-3)$$

式中:m 是解码器的第 m 侧,$L_v^{(m)}$($M=4$),如图 4-1 中的 $D^{(1)}$,$D^{(2)}$,$\cdots$,$D^{(4)}$ 表

示体素 v 从第 m 侧输出的形状感知对比损失。需要注意的是,在笔者计算体素到体素对比损失之前,对第 m 侧输出进行了归一化。通过利用具有辅助侧监督的多级形状感知特征,该网络专门通过形状感知体素到体素对比学习来惩罚模型。

4.2.3　总体损失函数

除了形状感知正则化和体素到体素对比深度监督外,笔者还设计了一个轻量级的融合头(H_f),以进一步融合来自串联的形状和肿瘤头的信息,以实现更稳健的预测。SCDSNet 的最终损失函数 L_{final} 定义为

$$L_{final} = L_{seg} + L_{shape} + L_{tumor} + \alpha L_{dcl} \tag{4-4}$$

式中:L_{seg} 表示预测最终的融合头;L_{tumor} 表示预测肿瘤头的损失函数;α 是平衡训练权重的一个因子。

请注意,L_{seg} 和 L_{tumor} 都由骰子损失和交叉熵损失的总和组成。

表 4-1　比较了使用 SCDSNET 和其他最新医学图像分割模型的分割性能

方法	Dice/(%)↑	JA/(%)↑	RMSE/(%)↓	HD/(mm)↓	ASD/(mm%)↓
U-Net	69.48	57.24	6.58	12.27	4.97
AttU-Net	75.30	62.30	5.50	10.49	4.99
U-Net++	74.63	61.62	7.36	12.77	5.04
Med3D	71.16	56.65	6.92	10.93	5.62
U2-Net	77.22	63.98	5.49	9.49	5.01
U-Net 3+	75.32	62.24	6.27	10.80	5.54
Genesis_UNet	74.68	62.26	4.77	11.43	4.77
PFNet	69.88	56.47	6.95	12.65	5.35
UNETR	69.37	55.56	7.34	13.84	5.39
SCDSNet+	76.25	63.33	4.66	9.19	4.89
SCDSNet++	78.42	65.74	<u>4.00</u>	**8.64**	<u>4.66</u>
SCDSNet+++	<u>78.59</u>	<u>65.98</u>	**3.92**	9.05	**4.56**
SCDSNet++++	**78.79**	**66.17**	4.12	<u>8.85</u>	<u>4.66</u>

注意:↑表示越大越好,↓表示越小越好;mm%表示毫米的百分数。最佳响应以粗体突出显示,次优响应以下划线突出显示。+表示仅使用 $D^{(1)}$ 来惩罚 L_{dcl},++表示使用 $D^{(1)}$ 和 $D^{(2)}$,+++表示 $D^{(1)}$,$D^{(2)}$ 和 $D^{(3)}$,++++表示所有侧输出都用于惩罚 L_{dcl}。

4.3　数　据　收　集

笔者收集了山东省肿瘤医院符合条件的 EC 患者的 558 份胸部 CT 扫描。CT 扫描的 Hounsfield 单位（HU）窗口范围为 $-1\,024 \sim 3\,071$。体素大小从 $0.542\,9 \times 0.542\,9 \times 3\ \text{mm}^3$ 到 $1.251\,9 \times 1.251\,9 \times 5\ \text{mm}^3$ 不等，胸部 CT 扫描的分辨率范围为 $512 \times 512 \times 71 \sim 512 \times 512 \times 114$。食管肿瘤由两名放射治疗专家手动勾画并进行交叉验证。手动分割结果用作基准真相（GT）。肿瘤的体积大小范围从 $16 \times 16 \times 3 \sim 99 \times 141 \times 40$。该数据集由放射治疗师随机分为 390 名训练患者和 168 名测试患者。

4.4　实验参数设定

本实验使用 PyTorch 实现 SCDSNet 并在 NVIDIA RTX 3090 显卡上进行训练和测试。笔者将批处理大小设置为 2，将训练图像大小设置为 $160 \times 160 \times 80$。本实验使用初始学习率为 2.5×10^{-4} 的 Adam 优化器优化网络。优化器的动态学习率调整使用了一种多项式学习率策略，其中动态学习率为初始学习率乘以 $\left(1 - \dfrac{\text{iter}}{\text{total\_iter}}\right)^{\text{power}}$，power 等于 0.9。训练迭代总数设置为 $39\,000$ 次（即 200 个 epoch），并采用提前停止以避免过度拟合。式（4-4）中的权重因子 α 设置为 0.01。式（4-1）中的温度常数 τ 设置为 0.07，K 设置为 500，用于权衡性能和计算成本。应用在线随机增强，包括高斯噪声（GaussianNoise）、偏置场（BiasField）、吉布斯噪声（GibbsNoise）、调整对比度（AdjustContrast）、高斯平滑（GaussianSmooth）、翻转（Flip）、旋转（Rotate）、缩放（Zoom）和仿射（Affine），以提高数据多样性。所有性能均来自 3 次运行的平均值。

笔者使用定量指标［包括 Dice 系数（Dice）、Jaccard 指数（JA）、豪斯多夫距离（HD）、均方根误差（RMSE）和平均表面距离（ASD）等］在测试数据集上验证和比较不同分割方法的分割性能。

4.5　实　验　验　证

4.5.1　定量评估和比较

由于目前鲜有使用源代码进行 3D ET 分割的工作，所以笔者实现了几种最先进的医学图像分割方法来验证笔者的 SCDSNet 的有效性。这些先进的方法大多数是 U-Net 的变体,而一些是用于三维医学体分割的预训练网络。为了公平比较,笔者使用相同的训练设置。

表 4-1 显示,笔者的方法在 Dice,JA,RMSE,HD 和 ASD 五个评价指标上取得了最好的结果。本书方法的五个评价指标分别为 78.79%,66.17%,3.92%,8.64% 和 4.56%。与 U2-Net 取得的次优结果相比,笔者的方法在这五个指标上分别提高了 1.57%,2.19%,1.57%,0.85% 和 0.45%。值得注意的是,与基线 U-Net 模型相比,SCDSNet 取得了更高的性能,在 Dice 上提高了 9.31%,在 JA 上提高了 8.93%,在 RMSE 上降低了 2.66%,在 HD 上降低了 3.63%,在 ASD 上降低了 0.41%。

笔者从表 4-1 中的主要发现总结如下。

(1)笔者提出的所有形状感知的对比学习方法与其他最先进的方法相比都得到了更高的 Dice 分数,这表明形状感知的对比学习对 ET 分割是有效的。

(2)笔者注意到大多数 U-Net 变体(例如,U2-Net 和 AttU-Net)的性能优于 Non-U-shape 网络(如 Med3D)。

(3)由于在预训练权重中融入了大量的知识,所以预训练网络(例如 Med3D 和 Genesis_UNet)普遍优于基线。

(4)与 SCDSNet+++ 相比,使用 SCDSNet+++ 的改进是相对边缘的。笔者解释了较低空间分辨率下的形状感知体素数量较少,这可能会限制学习能力。

因此,可以得出结论,笔者的新的形状感知调节和体素到体素对比深度监督有助于提高 ET 从 CT 中的分割性能。

4.5.2　消融研究

笔者进一步进行消融实验,以验证笔者提出的形状感知正则化和体素到体素对比深度监督的有效性。表 4-2 给出了不同模型设定下的计量结果。第一行是一个从头开始训练的标准 U-Net,它是笔者的分割主干。笔者首先添加一个额外的形状头和一个额外的融合头用于形状感知正则化,记为 SR,如表 4-2 所示。如第二行所示,联合学习在 Dice 方面显著提高了 3.52% 的分割结果。然后,笔者将形状熵最小化作为一个额外的形状感知不确定性惩罚损失,称为 SE,将 Dice 性能提高 1.78%。随后,笔者在 $D^{(1)}$ 的基础上添加了形状感知对比度,记为 CL,带来了 1.47% 的 Dice 改进。通过体素到体素的对比深度监督,笔者的模型在 Dice 上取得了 2.54% 的提升。这个结果表明笔者提出的简单且可插拔性强的体素到体素对比深度监督方法是有效的,可以取得实质性的性能。

表 4－2　使用 ET 数据集进行消融研究的分割性能

SR	SE	CL	DCL	Dice/(%) ↑	JA/(%) ↑	RMSE/(%) ↓	HD/(mm) ↓	ASD/(mm%) ↓
				69.48	57.24	6.58	12.27	4.97
√				73.00	59.76	4.12	10.71	5.05
√	√			74.78	61.66	5.88	10.25	5.11
√	√	√		76.25	63.33	4.66	9.19	4.89
√	√	√	√	78.79	66.17	4.12	8.85	4.66

注:√表示模型的消融实验中使用了该模块。

　　图 4－2 显示了通过在基线模型中逐步添加组件的可视化比较。这表明基线取得了最差的结果,具有不完整的 ET 区域。SR 和 SE 通过形状感知正则化捕获 ET 的形状,但结果与语义边界不一致。错误分割的区域仍然显著。相比较而言,SCDSNet 可以成功地预测整体结构,并获得接近于真实值的分割边界。

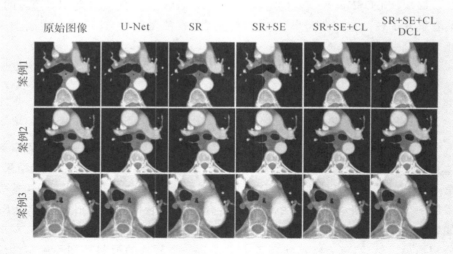

图 4－2　SCDSNet 的消融分割结果

注:蓝色区域表示正确分割的 ET 肿瘤,红色区域为假阴性预测。

4.6　本 章 小 结

本章主要研究了利用肿瘤的不规则形状来促进准确分割的方法,从食管、肿瘤和周围组织之间的低对比度以及不规则的肿瘤形状限制了自动分割方法的性能方面入手,考虑使用先进的分割方法对食管肿瘤进行分割。但由于现有分割方法存在的局限性,忽略了形状感知正则化,而形状信息在医学图像分割中至关重要。首先,当 ET 与周围器官的对比度较低且边界定义模糊时,上述方法无法成功且令人满意地从 CT 中分离出整个 ET 结果。本章提出了一种基于形状感知对比深度监督网络(SCDSNet),该网络具有形状感知正则化和体素到体素对比深度监督。该方法简单且可插拔性强,可以很容易地扩展到其他框架。定量和定性实验结果表明了 SCDSNet 在食管癌数据集上的有效性。受到最近对比学习研究的启发,考虑到使用具有形状感知正则化的方法来集成与形状相关的特征,其中通过引入额外的形状头来正则化形状感知约束,从而保留分割掩码的完整形状。其次,使用体素到体素对比深度监督策略,以增强肿瘤与邻近区域之间的对比度,在解码阶段通过难样本选择增强了边界附近的体素级约束,并结合了深度监督策略。

综上所述,笔者提出了一种形状感知的对比深度监督网络(SCDSNet),用于在食管癌放疗数据上进行三维肿瘤分割。为了处理 CT 扫描中形状不规则的复杂食管肿瘤,笔者提出了形状感知正则化和体素到体素对比深度监督,可以很容易地插入其他模型中。此外,笔者构建了一个用于食管肿瘤分割的大规模精心标注的数据集。综合实验证明了所提方法对食管肿瘤分割的优越性。未来的工作中,笔者将尝试把本书提出的方法扩展到其他医学图像分割任务中。

第 5 章　基于多模态对比学习的检测算法研究

本章进一步研究多模态医学影像数据处理中,对模型精度要求极高的问题,研究单一模态数据对于骨骼肌减少症筛查效果不佳时,如何有效结合髋部X射线图像和临床参数提高深度学习模型对医疗影像诊断的精度;主要论述并分析现有单模态模型和多模态模型中存在的缺陷,并提出一种基于多模态对比学习的检测算法;在台北市万芳医院接受骨骼肌减少症检查的患者的匿名数据上验证新算法的有效性。

5.1　引　　言

骨骼肌减少症是一种逐渐发展的骨骼肌障碍,与肌肉质量、力量和功能的丧失有关。骨骼肌减少症的存在增加了住院风险和住院期间的护理成本。对全球人口的系统分析显示,在 60 岁以上的健康成年人中,骨骼肌减少症的患病率约为 10%。然而,骨骼肌减少症的发展是潜在的,在早期阶段没有明显的症状,这意味着患有不良结果风险的患者潜在数量非常高。因此,早期识别、筛查和诊断对于改善治疗结果,尤其对老年人至关重要。

对于可靠地量化肌肉质量,开发有效、可重复且经济有效的算法对于诊断骨骼肌减少症至关重要。然而,由于几个原因,自动识别骨骼肌减少症是一项具有挑战性的任务。首先,腿部区域肌肉与脂肪质量之间的微妙对比使得从X射线图像中识别骨骼肌减少症变得困难。其次,尽管先前的临床研究表明患者信息,如年龄、性别、教育水平、吸烟和饮酒状况、体育活动(PA)和身体质量指数(BMI),对于正确诊断骨骼肌减少症至关重要,但并没有通用的标准。开发一个计算机预测模型,能够融合和挖掘来自异质髋部X射线图像和包含患者信息的表格数据的诊断特征具有重要意义。最后,有关骨骼肌减少症诊断的先前研究数量有限,导致可用数据受限。

　　深度学习在各种医学诊断领域引起了密集的研究兴趣。例如，Zhang 等人提出了一种注意力残差学习 CNN 模型（ARLNet），用于皮肤病变分类，利用多个 ARL 块来解决数据不足、类间相似性和类内变化的挑战。对于基于多模态的深度学习，PathomicFusion（PF）以端到端的方式融合了多模态组织学图像和基因组（突变、CNV 和 RNA-Seq）特征，用于生存结果预测。基于 PF，Braman 等人提出了一个深度正交融合模型，将来自多参数 MRI 检查、基于活检的模态和临床变量的信息融合成全面的多模态风险评分。尽管在各种医学影像分析任务中取得了近期的成功，基于深度学习的算法进行骨骼肌减少症诊断仍在研究中。据笔者所知，Ryu 等人的最近工作与笔者提出的方法最相关。Ryu 等人首先使用三个集成的深度学习模型，通过胸部 X 射线图像测试附肢瘦体积（ALM）、握力（HGS）和椅起测试（CRT）的性能。然后，他们构建了机器学习模型，将预测的 ALM，HGS 和 CRT 性能值与基本的表格特征一起进行汇总，用于诊断骨骼肌减少症。然而，他们工作的主要缺点在于复杂的两阶段工作流程和繁琐的集成训练。此外，由于骨骼肌减少症是由附肢肌肉质量降低定义的，通过具有最大比例肌肉质量的髋部 X 射线图像来测量肌肉消耗，更加适用于筛查骨骼肌减少症。

　　在这项工作中，笔者提出了一种用于通过髋部 X 射线和临床信息进行骨骼肌减少症（Sarcopenia）诊断的多模态对比学习（MM-CL）模型。与 Ryu 等人的模型不同，笔者的 MM-CL 能够以端到端的方式处理多模态图像和临床数据，并筛选出骨骼肌减少症。总体框架如图 5-1 所示。

　　笔者提出的 MM-CL 框架的主要组成部分包括非局部 CAM 增强（NLC），视觉-文本特征融合（VFF）和辅助对比表示（ACR）模块。非局部 CAM 增强使网络能够捕捉全局远程信息，并协助网络集中在由类激活映射（CAM）生成的语义重要区域上。视觉-文本特征融合鼓励网络提高多模态特征表示能力。辅助对比表示利用无监督学习，从而提高其在高级潜在空间中的区分表示能力。

　　本章的主要贡献总结如下。首先，笔者提出了一种多模态对比学习模型，通过整合额外的全局知识、融合多模态信息以及联合无监督和监督学习，增强了特征表示能力。其次，为了解决用于骨骼肌减少症筛查的多模态数据集缺失的问题，笔者从台北市万芳医院选择了 1 176 名患者。据笔者所知，笔者的数据集是迄今为止用于从图像和表格信息进行自动骨骼肌减少症诊断的最大数据集。最后，笔者通过实验证明了所提方法在从髋部 X 射线和临床信息预测骨骼肌减少症方面的优越性。

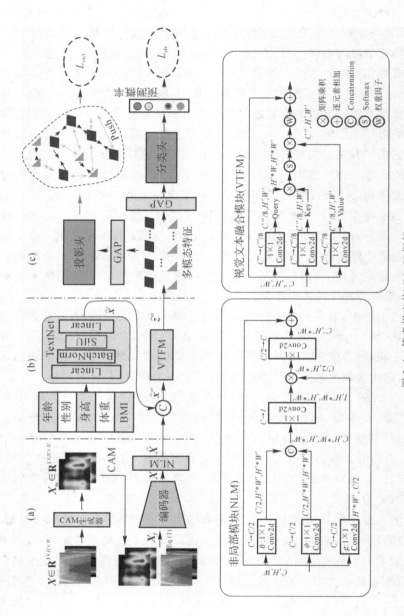

图 5-1 笔者提出的MM-CL框架

(a)非局部CAM增强；(b)视觉文本特征融合；(c)辅助对比表示

注:每个模块的输出特征大小以通道大小高度宽度格式给出,GAP表示全局平均池化, CAM表示类激活映射。

5.2　基于多模态对比学习的检测算法

如图 5 - 1 所示,MM-CL 包含三个主要组成部分。非局部 CAM 增强模块旨在促使网络从类激活映射(CAM)中学习到的注意力空间区域中获得信息,以增强全局特征表示能力。然后,通过视觉-文本特征融合模块,笔者通过整合临床变量将异构图像和表格数据进行融合。最后,笔者提出了一种无监督对比表示学习策略,通过辅助对比表示来辅助监督筛查。

5.2.1　非局部 CAM 增强

考虑到髋部 X 射线图像中肌肉区域的大比例,捕捉长距离依赖关系对于骨骼肌减少症筛查非常重要。在这项工作中,笔者采用了非局部模块(NLM),并提出使用粗略的 CAM 定位图作为额外信息来加速学习。笔者有两个假设。首先,左右腿的长程依赖关系应该被很好地捕捉;其次,CAM 可能突显部分肌肉区域,弱监督为网络的收敛提供加速。图 5 - 1(a)显示了非局部 CAM 增强的整体结构。

1.CAM 增强

首先,如图 5 - 1(a)所示,每个训练图像 $\boldsymbol{X}\in\mathbf{R}^{3\times H\times W}$ 被送到 CAM 生成器,以生成粗略的定位图 $\boldsymbol{X}_m\in\mathbf{R}^{1\times H'\times W'}$。笔者使用 Smooth Grad-CAM++技术通过 ResNet18 架构生成 CAM。在生成对应的 CAM 之后,图像 $\boldsymbol{X}$ 通过其粗定位图 $\boldsymbol{X}_m$ 通过平滑注意力增强下游精准预测网络。输出图中 $\boldsymbol{X}_f$ 如下获得:

$$\boldsymbol{X}_f = \boldsymbol{X} \cdot [1 + \text{sigmoid}(\boldsymbol{X}_m)] \tag{5-1}$$

式中:sigmoid 表示 sigmoid 函数。下游主编码器与 ResNet18 相同。

2.非局部模块

给定髋部 X 射线图像 $\boldsymbol{X}$ 及其相应的 CAM 图 $\boldsymbol{X}_m$,笔者使用 ResNet18 的主干提取高级特征图 $\boldsymbol{X}\in\mathbf{R}^{C\times H\times W}$。然后,将这些特征图视为非局部模块的输入。对于位置索引 i 的输出 $\hat{x}_i$,笔者有

$$\begin{cases}\hat{x}_i = \sum_{j=1}^{H'W'} a_{ij} g(x_j) + x_i \\ a_{ij} = \text{ReLU}\{\boldsymbol{w}_f^{\mathrm{T}} \text{concat}[\theta(x_i), \varphi(x_j)]\}\end{cases} \tag{5-2}$$

式中:concat 表示连接;$\boldsymbol{w}_f$ 是一个权重向量,将连接的向量投影到标量;ReLU 是 ReLU 函数;a_{ij} 表示非局部特征注意力,表示两个位置的特征之间的相关

性(即x_i和x_j);θ,ϕ和g是如图$5-1$(a)所示的映射函数。

5.2.2　视觉-文本特征融合

在捕捉全局信息后,笔者的目标是在高级潜在空间中融合视觉和文本特征。笔者假设临床数据可能对提升视觉预测性能有积极影响。该策略的总体结构如图$5-1$(b)所示。笔者使用一个简单的网络,称为 TextNet,提取临床特征。最后,笔者提出了一个受到自注意力启发的视觉-文本融合模块,用于融合连接的视觉-文本特征。

视觉-文本融合模块:为了从临床数据中学习,笔者首先将 5 个数值变量编码为一个向量,并将其发送到 TextNet。如图$5-1$(b)所示,TextNet 由两个线性层、一个批标准化层和一个 Sigmoid 线性单元(SiLU)层组成。然后,笔者扩展和重塑 TextNet 的输出特征$\hat{x}^t\in\mathbf{R}^{c^t}$,以适应$C\times H'\times W'$的大小。然后,在将其发送到视觉-文本融合模块之前,将文本和视觉表示连接为$\hat{x}^{vt}=$ concat$[\hat{x},\text{reshape}(\hat{x}^t)]$,其中$\hat{x}\in\mathbf{R}^{C\times H'\times W'}$表示非局部 CAM 增强的输出特征。特征向量$\hat{x}_i^{vt}\in\mathbf{R}^{C^{vt}}$编码了关于图像中特定位置$i$和文本特征的组合信息,其中$C^{vt}=C+C^t$。视觉-文本自注意力模块首先通过$1\times1$卷积变换产生一组查询、键和值,即$q_i=W_q\hat{x}_i^{vt}$,$k_i=W_k\hat{x}_i^{vt}$,和$v_i=W_v\hat{x}_i^{vt}$,其中$W_q$,$W_k$和$W_v$是要习的模型参数的一部分。笔者计算位置$i$的视觉-文本自注意力特征$\hat{z}_i^{vt}$如下:

$$\left.\begin{array}{l}\hat{z}_i^{vt}=\sum_{j=1}^{H'W'}s_{ij}v_j+v_i \\ s_{ij}=\text{Softmax}\left(q_j^\mathrm{T}\cdot k_i\right)\end{array}\right\} \qquad (5-3)$$

式中:Softmax 操作表示在多模态特征中的每个视觉和文本对之间的注意力。

5.2.3　辅助对比表示

受到无监督表示学习的启发,笔者提出了一种对比表示学习策略,鼓励监督模型将相似的数据样本拉近,并将不同的数据样本推远到高级嵌入空间中。通过这种方式,嵌入空间中的特征表示能力可以进一步提高。在训练阶段,给定一个小批次中的N个样本,笔者通过对每个样本应用不同的增强(AutoAugment)来获得$2N$个样本。来自同一样本的两个增强样本被视为正样本,其他样本被视为负样本。因此,对于每个补丁,笔者有一个正样本和$2N-2$个负样本。笔者依次对视觉-文本嵌入$\hat{z}^{vt}$应用全局平均池化和线性变换[见图$5-1$(c)中的投影头],得到变换后的特征$\hat{o}^{vt}$。令$\hat{o}^{vt+}$和$\hat{o}^{vt-}$分别表示

$\hat{\boldsymbol{o}}^{\text{vt}}$ 的正嵌入和负嵌入,对比损失的公式定义为

$$L_{\text{vtcl}} = -\ln \frac{\exp\left[\text{sim}\left(\hat{\boldsymbol{o}}^{\text{vt}}, \hat{\boldsymbol{o}}^{\text{vt}}\right)/\tau\right]}{\exp\left[\text{sim}\left(\hat{\boldsymbol{o}}^{\text{vt}}, \hat{\boldsymbol{o}}^{\text{vt+}}\right)/\tau\right] + \sum\limits_{\hat{o}^{\text{vt}} \in N} \exp\left[\text{sim}\left(\hat{\boldsymbol{o}}^{\text{vt}}, \hat{\boldsymbol{o}}^{\text{vt}}\right)/\tau\right]}$$

$$(5-4)$$

式中:N 是 $\hat{o}^{\text{vt}}$ 的负对应项集合;$\text{sim}(\cdot,\cdot)$ 是两个表示之间的余弦相似度;τ 是温度缩放参数。请注意,损失函数中的所有视觉-文本嵌入都已进行了 2 级归一化。最后,笔者将辅助对比学习分支集成到主分类头中,如图 5-1(c) 所示,它是一组线性层。笔者使用加权交叉熵损失 L_{cls} 作为笔者的分类损失。总体损失函数计算为 $L_{\text{total}} = L_{\text{cls}} + \beta L_{\text{vtcl}}$,其中 β 是权重因子。

5.3　数据集与预处理

在这项回顾性研究中,笔者收集了在台北市万芳医院接受骨骼肌减少症检查的患者的匿名数据。数据收集已获得机构审查委员会的批准。该数据集的人口统计学和临床特征如表 5-1 所示。其中,从 1 176 名合格患者中选取了 490 名。发展出骨骼肌减少症的患者被标注为阳性,而其余的 686 名患者被标记为阴性。这些图像的像素分辨率从 2 266×2 033 到 3 408×3 408 不等。每位患者的信息都是从一份标准化问卷中收集的,包括年龄、性别、身高、体重、体重指数(BMI)、附肢骨骼肌指数(ASMI)、总瘦体重、总脂肪、腿部瘦体重和腿部脂肪。笔者使用了 5 个数值变量,包括年龄、性别、身高、体重和BMI,在外科医生建议下作为临床信息用于提升学习。据笔者所知,这是迄今为止用于从图像和表格信息进行自动骨骼肌减少症诊断的最大数据集。

表 5-1　肌肉减少症患者的人口统计学和临床特征

特征	类型	整个队列($n=1\ 176$)
性别	男性	272(23.12%)
	女性	904(76.88%)
诊断时年龄*		71[63,81]
体重指数 BMI*		22.8[20.5,25.2]
身高/cm*		155.9[150.2,162]
体重/kg*		55[49.5,63]

注:* 表示中位数值;[　]表示四分位数范围,也即 25%~75%分位数。

5.4　实验参数设定

训练的总时期数设置为 100，并采用提前停止策略以避免过拟合。权重因子 β 设置为 0.01。温度常数 τ 设置为 0.5。在进行不同的在线增强后，视觉图像被裁剪到原始高度的 4/5，并调整大小为 224×224。主干网络使用在 ImageNet 上预训练的权重进行初始化。

5.5　模型评估指标

对于骨骼肌减少症的诊断，进行了广泛的 5 折交叉验证。笔者报告了使用包括接收器操作特征曲线下面积（AUC）、F1 分数（F1）、准确性（ACC）、敏感性（SEN）、特异性（SPC）和精确度（PRE）在内的全面定量指标的诊断性能。

5.6　实　验　验　证

5.6.1　实现细节

笔者的方法在 PyTorch 中使用 NVIDIA RTX 3090 显卡进行实现。笔者将批量大小设置为 32。使用 Adam 优化器，并采用多项式学习率策略，其中初始学习率 2.5×10^{-4} 乘以 $\left(1 - \dfrac{\text{epoch}}{\text{total\_epoch}}\right)^{0.9}$。

5.6.2　定量和定性比较

笔者实施了几种最先进的单模态方法［ResNet，ARLNet，MaxNet，支持向量机（SVM）和 K 最近邻（KNN）］以及多模态方法（PF）来展示笔者的 MM-CL 的有效性。为了公平比较，笔者使用相同的训练设置。

表 5-2 概述了所有方法的性能。如表所示，笔者的模型在所有方法中实现了最佳的 AUC（84.64％）和 ACC（79.93％）。

表 5-2　近期提出方法对肌肉减少症诊断性能的表现

方法	模态	AUC/（％）	ACC/（％）	F1/（％）	SEN/（％）	SPC/（％）	PRE/（％）
ResNet18	Image	76.86	72.53	64.58	60.56	79.35	69.46

续表

方法	模态	AUC/(%)	ACC/(%)	F1/(%)	SEN/(%)	SPC/(%)	PRE/(%)
ARLNet	Image	76.73	72.87	65.33	61.72	80.78	69.08
MaxNet	Text	80.05	72.44	58.30	47.05	90.68	78.10
SVM	Text	82.72	73.63	65.47	60.43	83.26	72.08
KNN	Text	80.69	73.21	66.94	65.59	78.80	68.80
PF	Multi	77.88	73.98	67.33	65.11	80.30	70.65
MM-CL	Multi	84.64	79.93	74.88	72.06	86.06	78.44

　　与单模态模型相比,MM-CL 在准确率上表现优于最先进方法至少 6%。在所有单模态模型中,MaxNet,SVM 和 KNN 的结果优于仅包含图像的模型。与多模态模型相比,MM-CL 也显著优于这些方法,证明了笔者提出的模块的有效性。笔者进一步可视化 AUC-ROC 和 Precision-Recall 曲线,直观展示改进的性能。如图 5-2 所示,MM-CL 实现了最佳的 AUC 和平均精度(AP),表明了提出的 MM-CL 的有效性。笔者有三个观察结果:

　　(1)基于多模态的模型优于基于单模态的方法,笔者解释这一发现是因为多个模态相互补充具有有用信息。

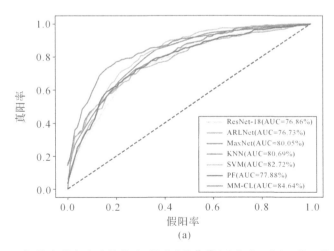

图 5-2　与最先进方法比较的 AUC-ROC 曲线(a)和 Precision-Recall 曲线(b)

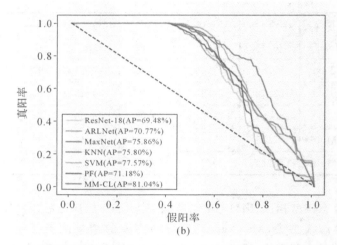

续图 5-2　与最先进方法比较的 AUC-ROC 曲线(a)和 Precision-Recall 曲线(b)

（2）MaxNet 的结果不如传统机器学习方法。一个主要原因是 MaxNet 包含大量要学习的参数，而表格信息只包括 5 个因子，这可能导致过拟合。

（3）在 NLC，VFF 和 ACR 的帮助下，笔者的 MM-CL 在所有其他方法上实现了实质性的改进。

5.6.3　消融研究

笔者还进行了消融研究，验证了每个提出的组件，即 NLC，VFF 和 ACR。NLC 的 CAM/NLM 表示 CAM 增强/非局部模块。结果如表 5-3 所示。与基准模型（ResNet18）相比，将 CAM 用作网络中的优化增强可提高平均 ACC 0.93%。同时，通过 NLM 捕捉长程依赖性对 AUC，ACC，F1 和 SEN 的改善带来了提升。通过 VFF 获得文本信息后，笔者的方法在表现上也实现了显著的提升。

表 5-3　通过消融研究评估肌肉减少症的诊断性能

模态		NLC		VFF	ACR	AUC %	ACC %	F1 %	SEN %	SPC %	PRE %
图像	文本	CAM	NLM								
√						76.86	72.53	64.58	60.56	79.35	69.46
√		√				77.09	73.46	65.55	60.83	82.55	71.53

续表

模态		NLC		VFF	ACR	AUC/%	ACC/%	F1/%	SEN/%	SPC/%	PRE/%
图像	文本	CAM	NLM								
√		√	√			77.86	73.80	66.23	62.85	81.22	70.93
√	√	√	√	√		84.21	79.16	75.13	76.63	80.69	74.03
√	√	√	√		√	84.64	79.93	74.88	72.06	86.06	78.44

该方法与仅使用图像的实验相比,在准确率上能够取得显著的性能提升,例如,79.16%对比 73.80%。首先,将 ACR 应用于网络将平均 ACC 得分从 79.16%提高到 79.93%。笔者还通过 t-SNE 可视化了在最终分类之前在高级语义潜在特征空间中的特征表示能力。如图 5-3 所示,通过逐渐添加提出的模块,笔者模型的特征表示能力变得越来越强大,高级特征更好地聚类。笔者的第一个发现是融合视觉和文本知识带来了显著的改善,这证明了额外的表格信息可以在学习中起到实质性的帮助。其次,将无监督对比学习纳入监督学习框架中也可以提高模型的特征表示能力。

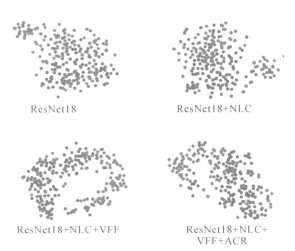

ResNet18　　　　　ResNet18+NLC

ResNet18+NLC+VFF　　　ResNet18+NLC+VFF+ACR

图 5-3　使用 t-SNE 对高级特征的视觉解释
注:红色和蓝色圆圈分别表示骨骼肌减少症和非骨骼肌减少症实例

5.7 本 章 小 结

本章针对骨骼肌减少症进行了深入探究,提出了一种用于髋部 X 射线图像和临床信息进行骨骼肌减少症筛查的多模态对比学习模型,旨在通过髋部 X 射线图像和临床信息进行准确的骨骼肌减少症诊断。所提出的 MM-CL 模型包括非局部 CAM 增强模块,利用类激活映射和非局部模块来捕获长程依赖关系,提高了全局特征表示能力。视觉–文本特征融合模块将临床信息与图像特征融合,进一步增强了模型的表征能力。辅助对比表示通过无监督学习策略鼓励模型在高级潜在空间中学习更具区分性的特征表示,进一步提高了诊断性能。这些组件的协同作用使得笔者的模型在提取全局信息、融合多模态数据以及提高特征表示能力方面表现出色。笔者的实验结果显示,相较于单模态和其他多模态方法,MM-CL 模型在诊断性能上取得了显著提升,尤其是在 AUC 和准确率方面。此外,笔者收集了一个用于从异构数据筛查骨骼肌减少症的大型数据集。通过全面的实验,笔者验证了每个组件的有效性,进一步证实了 MM-CL 模型的优越性。笔者未来的工作包括将笔者的方法扩展到医学影像领域的其他多模态诊断任务中。

第6章 基于层次一致性执行的
分割算法研究

本章主要研究具有领域知识的专家获取注释良好的数据耗时且费力,致使医学影像数据稀缺的问题;研究标记数据有限时,如何利用半监督算法提高标记数据和未标记数据之间的一致性,进而提高深度学习模型在有限标注数据下的分割精度;主要论述并分析现有基于一致性的半监督算法中存在的缺陷,并提出了一种基于平均教师(Mean Teacher,MT)的分层一致性算法;在多个有限标注的数据集上验证了新算法的有效性。

6.1 引　　言

从组织学图像中准确分割细胞和腺体是计算机辅助诊断中一项重要但具有挑战性的任务。利用大量标注数据,深度学习在组织学图像分割任务中取得了最先进(SOTA)的性能。组织学图像分析中的一个具有挑战性的问题是数据密集型深度学习模型需要高质量和大量注释良好的数据。然而,对于具有领域知识的专家来说,获取注释良好的数据是一项耗时且费力的任务。为了解决这个问题,本章提出半监督学习(SSL)来同时从有限数量的标记数据和未标记数据中学习。

SSL 中的一个具有挑战性的问题是如何提高标记数据和未标记数据之间的一致性。在最近的医学图像分析中,人们在这个问题上投入了大量的精力。Yu 等人通过限制 MT 架构在不同扰动下的一致预测来利用未标记的数据。Li 等人提出了一种增强自集成模型正则化的变换一致策略,其中输入和输出空间中的扰动受到限制。Xie 等人提出了用于腺体分割的分割网络(S-Net)和成对关系网络(PR-Net)。Xia 等人将 SSL 和无监督域适应(DA)联合到一个名为不确定性感知多视图协同训练(UMCT)的统一网络中,用于 3D 胰腺和多器官分割。

上述一致性训练方法在利用扰动下的未标记数据的各种医学图像分析任务中表现出了良好的性能。然而,现有的一致性训练方法主要集中在制定应用于输入空间和高级特征空间的扰动,而忽略了分层深层网络架构的隐藏特征空间中的扰动。此外,在 MT 架构中,教师模型通常用于为学生生成目标。然而,很难确定教师模型是否比学生模型提供更准确的结果。

为了解决这些问题,笔者提出了一种基于 MT 的分层一致性执行(HCE)框架(见图 6-1)用于组织学图像分割。HCE 架构由三个主要组件组成:

(1)用于半监督分割的基本教师-学生模型;

(2)用于在训练期间强制分层一致性的 HCE 模块;

(3)分层一致性损失(HC-loss)函数。

HCE 模块旨在通过对编码器中分层隐藏特征空间的扰动进行建模来提高学生模型的学习能力。新颖的 HC-loss 由可学习的分层一致性损失和自引导的分层一致性损失函数组成,其提出有两个目的:首先,可学习的层次一致性损失鼓励教师模型为学生模型提供更准确的指导,其次,自引导层次一致性损失惩罚学生模型中主解码器和辅助解码器之间不一致的预测。

本章的贡献如下:

(1)笔者提出了一种用于半监督分割的分层一致性执行架构,其中预测的不变性是在分层编码器的扰动下强制执行的;

(2)笔者为 HCE 框架引入了一种具有可学习和自引导机制的新型 HC-loss;

(3)实验结果表明,与监督和半监督方法相比,所提出的 HCE 在两个基准上实现了有竞争力的组织学图像分割性能。

6.2　基于层次一致性执行的半监督分割算法

6.2.1　网络整体框架

所提出的基于 MT 的 HCE 框架如图 6-1 所示。笔者的框架由教师-学生框架、HCE 模块和 HC-loss 组成。在教师-学生框架中,教师模型指导学生模型并评估扰动下的预测以获得更好的性能。教师模型在训练步骤 t 的权重 θ'_t 通过学生模型的指数移动平均(EMA)权重 θ_t 更新为 $\theta'_t = \alpha\theta'_{t-1} + (1-\alpha)\theta_t$,其中 α 是在总共 T 个训练步骤中通过梯度下降更新 θ_t 的 EMA 衰减率。

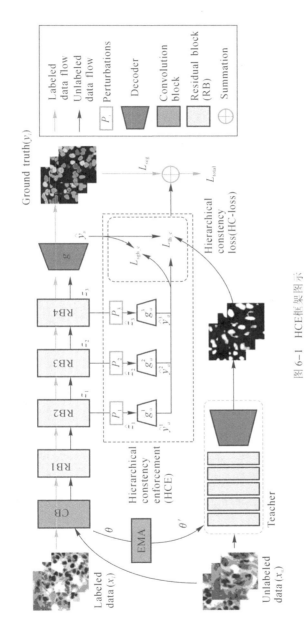

图6-1　HCE框架图示

注:HCE由用于半监督分割的基本教师和学生模型和两个创新组成:层次分层一致性执行(HCE)模块和分层一致性损失($L_{th c}$),为学生模型提供更准确的指导,以及一个引导型的分层一致性损失($L_{sgh c}$),以惩罚主解码器和辅助解码器之间的不一致预测。EMA表示指数移动平均线。RB3和RB4足膨胀残差块。膨胀率分别为2和4。

学生模型通过明确惩罚监督损失来从标记数据中学习。除了有限的监督之外,学生模型还通过层次一致性进行正则化,以利用未标记的数据。为了便于描述笔者的方法,笔者首先定义基本的数学术语。令 $(\boldsymbol{X}_1, \boldsymbol{Y}_1) = \{(x_l^i, y_l^i)\}_{i=1}^M$ 和 $\boldsymbol{X}_u = \{(x_u^i)\}_{i=1}^N$ 分别为标记数据集和未标记数据集,其中 M 是具有以下特征的图像数量:已知分割结果,每幅图像 x_l^i 都有一个对应的分割掩模 y_l^i,N 表示未标记图像的数量,$\boldsymbol{X}_u$ 表示没有标记掩模的图像。通常,假设 M 远小于 N。

6.2.2 监督学习的基本学生模型

对于标记数据集,笔者遵循先前工作中的规则,并通过标准交叉熵损失 $\boldsymbol{L}_{ce}$ 和方差约束交叉损失 $\boldsymbol{L}_{var}$ 来优化扩张的 DeepLabV3+。形式上,给定一个小批量 $B_l \subseteq X_l$,$\boldsymbol{L}_{var}$ 定义为

$$\boldsymbol{L}_{var} = \frac{1}{D} \sum_{d=1}^D \frac{1}{|B_d|} \sum_{i=1}^{|B_d|} (\mu_d - p^i)^2 \qquad (6-1)$$

式中:D 是 B_l 中对象实例的数量;B_d 表示小批量中属于实例 d 的所有像素;$|B_d|$ 表示 B_d 中像素的数量;p^i 是像素 i 正确类别的概率;μ_d 是 B_d 中所有像素概率 p^i 的平均值。

分割损失函数 $\boldsymbol{L}_{seg}$ 定义为

$$\boldsymbol{L}_{seg} = \boldsymbol{L}_{ce} + \lambda_{var} \boldsymbol{L}_{var} \qquad (6-2)$$

式中:λ_{var} 是调整权重的参数。

6.2.3 分层一致性执行(HCE) 模块

对于未标记的数据集,笔者设计了一个 HCE 模块来约束编码器的分层隐藏表示的一致性。具体来说,分层表示 (z_h) 由编码器在第 h 块处计算(见图 6-1)。笔者假设层次一致性可以提供更强的执行力,从而促进学生网络的泛化。此外,当笔者限制变体表示 $(\hat{z}_h)$ 的一致性而不是直接使用原始表示 (z_h) 时,学生网络可以更加通用。

具体来说,笔者引入 R 个随机扰动函数,用 $\boldsymbol{P}_r$ 表示,其中 $r \in [1, R]$。通过各种扰动设置,笔者在馈送到第 h 个辅助解码器 g_a^h 之前生成其原始表示 z_h 的扰动变体 $\hat{z}_h$[即 $\hat{z}_h = \boldsymbol{P}_r(z_h)$]。通过这样做,笔者强制学生模型中辅助解码器和主解码器的输出与教师模型生成的指导一致。在笔者的网络中,笔者在辅助解码器之前随机引入 dropout 和特征级噪声层作为笔者的扰动函数。该一致性执行程序可以制定如下:

$$L_c = \frac{1}{|B_u|} \frac{1}{H} \sum_{i=1}^{|B_u|} \sum_{i=1}^{H} d\left[\hat{y}_u^{i'}, g_a^h(\hat{z}_h^i)\right] + d(\hat{y}_u^{i'}, \hat{y}_u^i) \qquad (6-3)$$

式中：B_u 表示未标记的小批量，$B_u \subseteq X_u$；$d(\cdot)$ 是正确类别的两个输出概率之间的距离度量；H 表示扩张 DeepLabV3＋ 中使用的分层块的数量。

教师模型生成的第 i 张图像的概率目标表示为 $\hat{y}_u^i$。$\hat{y}_u^{i'}$ 是学生模型主解码器的概率预测。$g_a^?(\hat{z}_u^i)$ 表示来自第？个辅助解码器的扰动变量表示的概率预测。在这项工作中，笔者将 H 设置为 3，并使用均方误差（MSE）进行距离测量。

6.2.4　分层一致性损失（HC-Loss）

1. 可学习的层次一致性损失

为了防止教师模型获得高不确定性估计并加强层次一致性，笔者提出了可学习的层次一致性损失（L_{lh_c}）。笔者将式（6-3）中的损失函数 L_c 修改为

$$L_{lh\_c} = \frac{1}{|B_u|} \frac{1}{H} \sum_{i=1}^{|B_u|} \sum_{?=1}^{H} L_{mse}\left[\hat{y}_{u\_t}^{i'}, g_a^h(\hat{z}_h^i)\right] + L_{mse}(\hat{y}_{u\_t}^{i'}, \hat{y}_u^i) \qquad (6-4)$$

式中：L_{mse} 表示均方误差损失函数；$\hat{y}_{u\_t}^{i'}$ 表示教师模型的可学习预测概率。$\hat{y}_{u\_t}^{i'}$ 能够提供更可靠的预测作为学生模型的指导。

受到教师模型的可学习预测概率 $\hat{y}_{u\_t}^{i'}$ 的启发，其计算公式为

$$u'_i = -\hat{y}_u^{i'} \ln \hat{y}_u^{i'}, \qquad \hat{y}_{u\_t}^{i'} = (1 - u'_i)\hat{y}_u^{i'} + u'_i \hat{y}_u^i \qquad (6-5)$$

当教师模型生成不可靠的结果（高度不确定性）时，$\hat{y}_{u\_t}^{i'}$ 近似于 $\hat{y}_u^i$。相反，当教师模型有信心（低不确定性）时，$\hat{y}_{u\_t}^{i'}$ 与 $\hat{y}_u^{i'}$ 保持相同，并提供一定的预测作为学生模型学习的目标。

2. 自引导的层次一致性损失

在 HCE 中，笔者鼓励学生模型的预测与 L_{lh_c} 的教师模型保持一致。然而，学生模型中辅助解码器和主解码器之间的一致性被忽略了。因此，笔者通过自我引导的层次一致性损失（L_{sgh_c}）来惩罚辅助预测方差，以减轻这种不一致：

$$L_{sgh\_c} = \frac{1}{|B_u|} \sum_{i=1}^{|B_u|} \frac{1}{H} \sum_{h=1}^{H} L_{mse}\left[g_a^h(\hat{z}_h^i) - \hat{y}_u^i\right] \qquad (6-6)$$

通过这样做，学生模型以主解码器的预测为指导，最大限度地减少所有解码器之间的不一致，从而增强更好的特征表示能力。

总之，所提出的 HCE 框架通过最小化以下组合目标函数来从标记数据和未标记数据中学习：

$$L_{\text{total}} = L_{\text{seg}} + \lambda_{\text{h\_c}}(L_{\text{lh\_c}} + \lambda_{\text{sg\_c}}\lambda_{\text{sgh\_c}}) \tag{6-7}$$

式中：$\lambda_{\text{h\_c}}$ 和 $\lambda_{\text{sgh\_c}}$ 是训练期间调整平衡的权重系数。

6.3　数据集与预处理

多器官细胞核分割数据集（MoNuSeg）和结直肠腺癌腺体数据集（CRAG）用于评估笔者的 HCE。MoNuSeg 数据集由 44 张 H&E 染色的组织病理学图像组成，分辨率为 1 000 像素×1 000 像素。训练集包含 30 个组织病理学图像，而测试集包含 14 个图像。笔者使用随机采样的 27 张图像作为训练数据，其余 3 张图像作为验证数据。CRAG 数据集分为 173 张训练图像（其中 153 张图像用于训练，20 张图像用于验证）和 40 张不同癌症等级的测试图像。大多数图像的分辨率为 1 512 像素×1 516 像素，具有实例级地面实况。

笔者使用滑动窗口从每个训练图像中裁剪补丁。对于 MoNuSeg，补丁大小为 128×128，即 1 728 个补丁。对于 CRAG，笔者从 153 张图像中提取了 5 508 个分辨率为 480 像素×480 像素的补丁。笔者进一步执行在线数据增强，包括随机缩放、翻转、旋转和仿射操作。

6.4　实验参数设定

笔者使用 Tesla P100 显卡在 PyTorch 中实现 HCE。MoNuSeg 的批量大小设置为 16，CRAG 的批量大小设置为 8。Adam 优化器与多项式学习率策略一起使用，其中初始学习率 2.5×10^{-4} 乘以 $\left(1 - \dfrac{\text{iter}}{\text{tota l\_iter}}\right)^{0.9}$。MoNuSeg 的训练周期总数设置为 500，CRAG 的训练周期总数设置为 300。笔者将权重系数 $\lambda_{\text{sgh\_c}}$ 和 λ_{var} 设置为 0.1 和 1。如相关文献中所述，式（6-7）中的权重系数 $\lambda_{\text{h\_c}}$ 由高斯斜坡上升函数 $\lambda_{\text{h\_c}} = k \times e^{[-5(1-t/T)^2]}$ 计算。T 设置为等于总训练时期，k 为 0.1。根据经验，EMA 衰减率 α 设置为 0.99。笔者使用 ImageNet 预训练的 ResNet34 作为编码器。辅助解码器的所有结构都是相同的，包括采样率为 {6,12,18,24} 的空洞空间金字塔池（ASPP）层和上采样层。最后两个残差块（见图 6-1）的膨胀率为 2 和 4。

6.5　模型评估指标

对于 MoNuSeg,笔者使用相关论文中介绍的 F1 分数(F1)、平均 Dice 系数(Dice)和聚合 Jaccard 指数(AJI)进行评估。对于 CRAG,使用 F1 分数(F1)、对象级 Dice 系数($Dice_{obj}$)和对象级 Hausdorff($Haus_{obj}$)距离进行详细评估,如相关论文中所述。

6.6　实验验证

6.6.1　定量和定性比较

与半监督方法的定量比较。为了证明笔者的 HCE 的有效性,笔者实现了几种 SOTA SSL 方法进行比较,其中包括熵最小化(Entropy)、Mean-Teacher(MT)、不确定性感知 Mean-Teacher(UA-MT)、插值一致性训练(ICT)和变换一致自集成模型(TCSM)。为了公平比较,笔者使用了如图 6-1 所示的相同预训练学生网络。所有方法的性能如表 6-1 所示。

表 6-1　所提出的 HCE 和 SOTA SSL 方法在 MoNuSeg 和 CRAG 数据集上的性能比较

标注量 %	方法	MoNuSeg			CRAG		
		F1 %	Dice %	AJI %	F1 %	$Dice_{obj}$ %	$Haus_{obj}$
5	SL	74.8	77.6	46.3	65.7	76.0	266.5
	Entropy	74.3	78.1	47.3	63.8	71.7	342.0
	MT	69.4	77.0	42.3	66.9	82.4	175.1
	UA-MT	73.9	76.1	44.7	62.2	75.6	239.0
	ICT	79.8	78.4	49.1	69.7	82.5	177.2
	TCSM	79.9	79.1	50.3	67.1	79.9	200.4
	HCE	79.2	79.7	52.3	74.4	84.4	152.7

续表

标注量 %	方法	MoNuSeg				CRAG	
		F1 %	Dice %	AJI %	F1 %	Dice$_{obj}$ %	Haus$_{obj}$
10	SL	87.0	81.1	58.9	73.9	82.0	195.6
	Entropy	86.2	82.4	60.0	76.1	84.1	180.3
	MT	84.4	82.2	58.3	74.5	86.7	145.4
	UA-MT	86.1	82.3	59.7	71.9	81.6	189.3
	ICT	87.7	81.1	59.1	74.9	85.9	152.1
	TCSM	87.9	81.0	59.0	75.0	85.3	152.1
	HCE	88.0	82.6	61.9	78.8	87.4	130.2
20	SL	88.4	81.7	60.8	78.3	84.7	176.4
	Entropy	87.6	82.6	60.9	81.0	85.8	169.7
	MT	86.6	82.4	59.9	81.3	88.3	127.8
	UA-MT	87.0	82.5	60.3	77.7	84.9	168.7
	ICT	88.7	81.9	60.9	78.5	86.6	145.9
	TCSM	71.0	81.8	60.4	80.6	87.7	140.4
	HCE	89.7	82.8	63.2	82.4	88.5	122.9

注:5%/10%/20%数据由 MoNuSeg 和 CRAG 数据集上的 1/3/5 和 8/15/31 标记图像组成。

对于 MoNuSeg,它表明笔者的模型在所有 SSL 方法中实现了最高的 Dice 和 AJI。与表现第二好的 5%标记数据上的 TCSM 模型相比,笔者的模型将 Dice 提高了 0.6%,将 AJI 提高了 2%。对于 CRAG,表 6-1 显示 HCE 在所有指标上均明显优于所有 SOTA SSL 方法。

与有监督的扩张 DeepLabV3+(SL)相比,大多数 SSL 方法都提高了分割性能,这是因为它们还可以从未注释的数据中学习。在某些情况下,SSL 方法的性能比基线模型更差。一个可能的原因是这些方法对标记样本的比例敏感。通过 HCE 促进层次一致性,分割性能和稳健性得到持续改进。另外,在标记数据比例较小的情况下,SSL 方法可以大幅提高性能,这显示了从未标记数据中学习的有效性。

(1)与完全监督方法的定量比较。笔者评估了 HCE 和最近的完全监督方法的性能。对于 MoNuSeg，比较了三种方法，包括 Micro-Net，Self-loop 和 Bio-Net。对于 CRAG，笔者将 HCE 与 MILD-Net，DSE 和 PRS2 进行比较。如表 6 - 2 所示，HCE 在 MoNuSeg 上仅使用 50％的标记数据，在所有指标方面始终达到最佳性能。虽然 HCE 在 CRAG 上取得了第二好的成绩，但使用 100％标记数据的 PRS2 比笔者的 HCE 更复杂且难以训练。

表 6 - 2　所提出的 HCE 和完全监督方法在 MoNuSeg 和 CRAG 数据集上的性能比较

方法	MoNuSeg		方法	CRAG		
	$\frac{F1}{\%}$	$\frac{Dice}{\%}$		$\frac{F1}{\%}$	$\frac{Dice_{obj}}{\%}$	$Haus_{obj}$
Micro-Net	—	81.9	MILD-Net	82.5	87.5	160.1
Self-loop	79.3	—	DSE	83.5	88.9	120.1
Bio-Net	—	82.5	PRS2	84.3	89.2	113.1
HCE(50％)	90.4	83.2	HCE(50％)	84.1	88.9	118.7

注：完全监督方法使用 100％标记数据进行训练，而 HCE 使用 50％标记数据。

（2）与半监督方法的定性比较。如图 6 - 2 所示，笔者提供了对两个基准的 5％和 10％标记数据进行分割的定性结果。

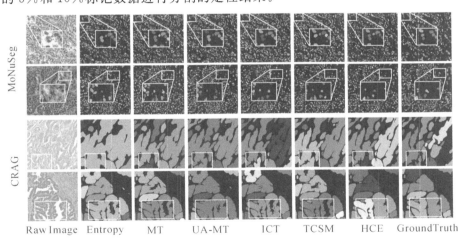

图 6 - 2　使用 HCE 和其他 SSL 方法以及 5％/10％标记数据
在 MoNuSeg/CRAG 数据集上的分割结果

注：每个数据集的第一/第二行由 5％/10％标记样本组成。

与 SOTA SSL 模型相比,HCE 显著提高了性能。此外,笔者观察到所提出的 HCE 对于不同形状的物体(例如小细胞和大腺体)具有更好的可扩展性。笔者推测这是因为编码器中的分层结构可能会在预测中引入不确定性。通过分层一致性执行,所提出的 HCE 纠正了从此类模糊预测中学到的知识,从而产生了更合理的预测。

6.6.2 消融研究

笔者通过逐渐将每个组件添加到 MT 框架中来评估其有效性来进行消融研究。如表 6-3 所示,减轻从教师网络获得的不确定性并加强可学习的一致性,在 5%/10%/20% 标记数据的情况下,AJI 分数提高了 2.6%/1.3%/0.1%。值得注意的是,在没有 g_a^h 的情况下,L_{lh_c} 仅应用于学生模型对主解码器的预测,这证明了式(6-4)中 $\hat{y}_{u_t}^i$ 的有效性。然后,笔者在学生模型的编码器中引入无扰动的 HCE,这带来了 0.2%/0.5%/1.7% 的改进。应用扰动后,AJI 的性能持续提高了 0.4%/0.1%/1.3%。最后,结合笔者框架中的所有组件,AJI 的性能显著提高了 52.3%/61.9%63.2%。

表 6-3 使用 MoNuSeg 上的 5%/10%/20% 标记数据对 HCE 进行消融研究

L_{lh_c}	g_a^h	P_r	L_{sgh_c}	5%	Imp/(%)	10%	Imp/(%)	20%	Imp/(%)
				42.3	—	58.3	—	59.9	—
√				44.9	2.6	59.6	1.3	60.0	0.1
√	√			45.1	0.2	60.1	0.5	61.7	1.7
√	√	√		45.5	0.4	60.2	0.1	63.0	1.3
√	√	√	√	52.3	0.6	61.9	1.7	63.2	0.2

注:Imp 表示与之前的设置相比改进的 AJI。

6.7 本 章 小 结

本章针对医学影像未标记数据的不一致和不确定的问题,从如何有效利用已标注和未标注的数据以及各个数据之间的一致性入手,首先提出了一种新颖的基于教师-学生模型的基于层次一致性执行的半监督分割网络,以充分利用数据间的一致性信息。然后,本章提出了一种基于 MT 的分层一致性执行(HCE)框架用于组织学图像分割,使用在训练期间强制分层一致性的HCE 模块,通过对编码器中分层隐藏特征空间的扰动进行建模来提高学生模型的学习能力,鼓励教师模型为学生模型提供更准确的指导,进而提升模型的预测准确性。综合实验结果表明,与半监督和监督学习方法相比,HCE 使用有限的标记数据实现了有竞争力的性能。

　　综上所述,本章针对如何有效地利用有限的带标注和未标注数据以及各个数据之间的一致性展开研究,其核心解决的问题是在相同来源的数据下,如何充分利用未标记数据的潜在信息,尽量使用较少已标记的数据与较多未标记数据,构建拥有对标记数据和未标记数据之间的一致性学习能力的深度学习算法。最后,针对组织学病理影像具有数量少、实例多等特点,本书利用组织学病理影像数据对本章节提出的模型进行了验证。因此,本章以深度学习为基本技术方案,提出了半监督学习方法解决同源数据的数据稀缺问题,为解决医疗数据稀缺的问题提供了一种新颖的解决方案。

第7章 基于有限标注数据的分割算法研究

本章主要研究由于扫描成本和患者隐私等问题使得带标注的医疗数据难以被获得,致使医学影像数据稀缺的问题,从如何有效利用已有少量标注和未标注的数据入手,针对既有半监督分割算法的缺陷进行详细的分析,并提出基于模型间和模型内不确定性的特征聚合半监督算法来解决这些问题;详细解释基于不确定性的特征聚合半监督算法能够解决此问题的原因,并通过实验论证该算法的有效性。

7.1 引　　言

深度学习模型成功地被用于各种医疗图像分割任务中,尤其是在有大量带标注的训练样本的情况下。然而,获取像素级标签非常耗时,这极大地降低了工作效率,尤其是在需要领域知识和专业技能的应用中。半监督学习(Semi-supervised Iearning,SSL)是应对这一难题的方法之一,它有效利用了有限的已标注数据与未标注数据。在半监督图像分割中,模型从具有已知语义标签的数据中学习,同时利用已学习到的知识应用于任意数量未注释的数据中进行推断。

用于半监督分割的学习模型主要分为四种。第一种是基于贝叶斯不确定性估计和网络模型集成的方法,该方法可以最大限度地减少师生(Teacher-Student Model)模型之间的预测差异。第二种方法是引入对抗学习以在标记数据和未标记数据之间实现一致性。第三种方法是通过深度 Q 网络(Deep Q Network,DQN)进行预定位。最后一种常见方法是通过从标记的数据中学习来生成伪标签,然后使用伪标签来增强对未标记的数据的学习。

半监督分割的主要挑战之一是如何针对标记数据和未标记数据之间的一致性进行建模。不一致性将导致具有高度不确定与偏差的分割结果。最近盛行的半监督方案(Mean Teacher,MT)对学生和教师模型之间的不确定性

(Inter Uncertainty)进行了建模。但是,学生模型内部的不确定性(Intra Uncertainty)和网络抖动却被忽略。神经网络的层级架构甚至可能放大学生模型从浅层到深层的信息传播过程中的不确定性,从而导致预测结果的高度不一致性。另外,由于未标记的数据不具有分割金标准,所以常见的策略是使用教师模型的分割预测作为指导去引导学生模型学习。但是,整个学习过程并不能保证在未标记的数据上,教师模型总是比学生模型产生更好的结果。除了 MT 框架中的上述问题之外,大多数用于生物医学图像分割的网络都基于 U 形网络,但是,这种 U 形网络可能会导致特征不兼容,受第 6 章的级联知识传播启发,融合多个子网的知识可提高模型的精准度。因此另一个挑战性的问题是如何在监督学习过程中传播多尺度知识,有效地聚合特征。

　　自动分割组织学病理图像是一项艰巨的任务。组织学病理影像具有数量少、实例多等特点,考虑到组织学图像数据集上具有大量的细胞/腺体(例如 Kumar 数据集共包含 44 张图像,却包含 28 846 个细胞),因此,本书通过在组织学病理图像上分割,验证本书所提出的基于有限标注的半监督算法。

　　为了解决上述问题,本章提出一种具有可学习不确定性和多尺度多阶段特征聚合的半监督分割模型。总体架构如图 7 - 1 所示,其中 EMA 表示指数移动平均(Exponential Moving Average,EMA)。为了从已标注的和未标注的数据中学习从而达到节省标注数据开销的同时提升分割的目的,本书在基础 MT 架构上进行了改进,该结构中的学生模型在已标注的和未标注的数据上进行训练,而教师模型是连续的学生模型权重的平均值。

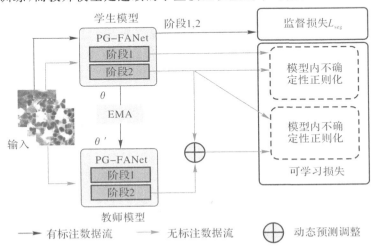

图 7 - 1　可学习不确定性的半监督分割模型架构示意图

本书方法的主要创新和贡献包括：

(1)本章提出了一种全新的伪标签引导下的特征聚合网络(Pseudo-mask Guided Feature Aggregation Network,PG-FANet),该网络由二阶子网、多尺度多阶段的特征聚合(Multi-scale Multi-stage Feature Aggregation,MMFA)模块和伪标签引导下的特征增强(Mask-Guided Feature Enhancement,MGFE)模块组成。MGFE 在粗略语义分割下将网络的注意力集中到感兴趣区(Region Of Interest,ROI)。MMFA 可以同时聚合多尺度和多阶段特征,从而避免了传统 U 形网络中不兼容特征的影响。

(2)本章提出了一种可学习的不确定性建模和测量机制,以缓解在半监督学习的 MT 架构中存在于师生模型之间和学生模型内部的不确定性和不一致性。

(3)通过在两个公共组织学影像数据集的大量实验,本书验证了所提出模型中主要组件的性能。实验结果表明,PG-FANet 优于其他全监督的最先进模型,本章提出的半监督的学习体系结构在有限的标记数据下实现了极具竞争力的分割效果。

7.2 基于模型间和模型内不确定性的特征聚合半监督分割算法

7.2.1 半监督学习问题定义

给定一个标记数据集 $(\boldsymbol{X}_l,\boldsymbol{Y}_l)=\{(x_l^i,y_l^i)\}_{i=1}^{M}$ 和未标记的数据集 $\boldsymbol{X}_u=\{(x_u^i)\}_{i=1}^{N}$,其中 M 是具有像素级标签的图像数量,每个图像 x_l^i 具有对应的标签 y_l^i,N 表示未标记图像的数量,$\boldsymbol{X}_u$ 表示在训练过程中未标记的图像。分割任务旨在学习一个从输入图像 $\boldsymbol{X}$ 到分割标签 $\boldsymbol{Y}$ 的映射函数 F。半监督学习是利用标记和未标记的数据集,对 F 中的模型权重 θ 进行优化的过程,形式化如下式所示：

$$\min_{\theta} \sum_{i=1}^{N} L_{\text{seg}}\big[F(x_l^i \mid \theta),y_l^i\big] + \lambda L_c\big[\theta,(X_l,Y_l),X_u\big] \qquad (7-1)$$

式中：L_{seg} 是监督学习的损失函数；L_c 是无监督的一致性损失函数；λ 是在两种数据之间的平衡因子。

如前所述,在该学习过程中,MT 架构中忽略了学生模型里的内部不确定性。此外,如果没有提供未标记数据的真实标签,那么很难确定教师模型是否会产生比学生模型更准确的分割结果。

为了解决这些问题,本章提出了一种可学习的不确定性建模机制,用于度量学生模型内的不确定性以及教师与学生模型之间的不一致性。因此,本章提出了两个新的惩罚项——L_{lc} 和 R,并且将式(7-1)的学习过程修改为

$$\min_{\theta} \sum_{i=1}^{M} L_{seg}\left[F(x_i^i \mid \theta), y_i^i\right] + \lambda\{L_{lc}[\theta, (X_l, Y_l), X_u] + \lambda_r R\} \quad (7-2)$$

式中:L_{lc} 表示无监督的可学习一致性损失函数;R 表示学生模型内的不确定性(简称模型内的不确定性)与教师与学生模型之间的不一致性(简称模型间的不一致性)正则化项。

总损失函数为

$$L_{total} = L_{seg} + \lambda(T)(L_{lc} + \lambda_r L_r) \quad (7-3)$$

式中:$\lambda(T)$ 表示一致性损失函数与训练次数相关的权重因子;T 表示训练周期的总数;L_r 表示融合了 R 的正则化损失函数;λ_r 是控制正则化影响的权重因子。

7.2.2　伪标签引导下的特征聚合网络

伪标签引导下的特征聚合网络(PG-FANet)的架构如图 7-2 所示,其中图 7-2 表示二阶子网的 PG-FANet,Rbi_s 表示阶段 s 中的第 i 个残差块。两个子网共享相同的卷积块(Convolutional Block,CB)和 RB1。RB3_s 和 RB4_s 是分别以 2 和 4 为膨胀率的膨胀残差块,"Up"表示上采样操作,每个网络模块输出的特征图大小以批大小×通道大小×高度×宽度($B \times C \times H \times W$)形式表示。PG-FANet 模型由三个主要组件组成,包括二阶子网、伪标签引导下的特征增强(MGFE)模块和多尺度多阶段的特征聚合(MMFA)模块。MGFE通过多尺度的伪标签,将网络的注意力集中到感兴趣区。MMFA 旨在同时提取和聚合多尺度多阶段特征,从而避免了使用 U 形跳跃连接引起的特征不兼容问题。PG-FANet 的最终输出是通过融合最终阶段的输出得到。

(1)二阶子网和 MGFE。

第一阶段的子网用于粗糙的伪标签生成,第二阶用于细化分割结果。二阶子网的网络模型在结构上相同,都包含三个残差块(Residual Block,RB)和一个空洞空间金字塔池化(ASPP)模块,在图 7-2 中,ASPP 被标记为"分类器"。RB1 的输出特征图将下采样到第一阶子网输出的伪标签大小。然后,将这些特征和第一阶子网输出的伪标签作为第二阶子网的输入进行拼接。最后,通过 1×1 卷积层对带有伪标签的特征进行融合,以进一步学习,如图7-3所示。这样,伪标签就可以作用在不同尺度的特征选择器,以从具有不同大小和形状的分割对象中提取特征。

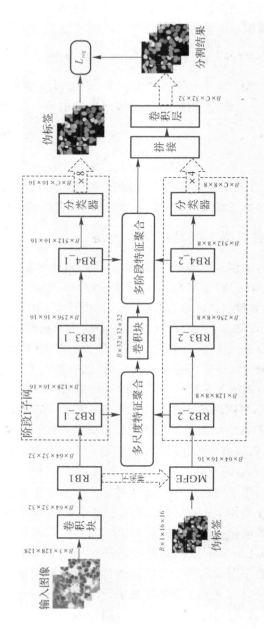

图 7-2 PG-FANet网络架构示意图

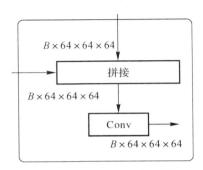

图 7 - 3　伪标签引导下的特征增强模块（MGFE）

（2）MMFA。

给定从二阶子网中提取的不同尺度和不同阶段的特征，本章将使用 MMFA 模块聚合该多尺度多阶段特征。与 Li 等人提出的聚合方法不同，MMFA 由两个模块组成，分别用于多尺度特征聚合和多阶段语义特征聚合。如图 7 - 4 所示，多尺度特征聚合（Multi-scale feature aggregation）融合了每个阶段子网的低层特征。聚合过程如下：

$$\boldsymbol{X}_m = \sum_{s=1}^{S} \mathrm{U}p(\delta\{B\,\mathrm{Conv}[\boldsymbol{\phi}_s^2(\boldsymbol{X}_s^2)]\}) \tag{7-4}$$

式中：$\boldsymbol{X}_s^2$ 表示 s 阶段 RB3_s 的输出特征图（见图 7 - 2）；$\boldsymbol{X}_m$ 表示多尺度特征聚合的特征图；δ 表示参数化校正线性（Parametric Rectified Linear Unit，PReLU）激活层；B 表示批归一化（BN）；Up 是上采样操作；Conv 代表卷积层。

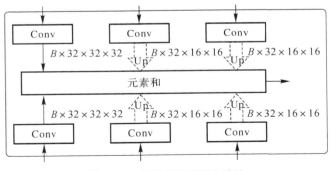

图 7 - 4　多尺度特征聚合模块

对于阶段 s 的子网，笔者将第 i 个 RB 定义为 $\phi_s^i(\cdot)$，其中 s 属于 $\{1,\cdots,$

$S\}$，S 为子网数量。值得注意的是，$\phi_s^1(\cdot)$ 表示相同的 RB（即图 7-2 中的 RB1）。

多尺度特征聚合过程使用了伪标签引导的信息，其特征获得了更好的表示。

随着网络的不断深入，空间信息（例如边界）可能会丢失。由于会受到特征不兼容的困扰，所以本书没有引入 U 形网络。本书使用多阶段特征聚合（Multi-stage Feature Aggregation）模块替代了 U 形跳跃连接，该模块融合了一阶子网语义特征和二阶子网的语义特征（见图 7-5）。这些特征的聚集将有助于获得更准确和更可靠的结果。多阶段特征聚合可以用如下式所表示：

$$X_h = X'_m + \sum_{s=1}^{S} \mathrm{Up}(\delta\{B\,\mathrm{Conv}\,[\varphi_s^4(X_s^4)]\}) \tag{7-5}$$

式中：X'_m 表示多尺度特征聚合后经过修正的特征；X_h 表示多阶段特征聚合后的输出特征图。

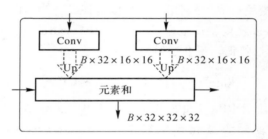

图 7-5   多阶段特征聚合模块

（3）PG-FANet 的损失函数。

由于 PG-FANet 具有二阶子网，所以本书通过交叉熵损失 L_{ce} 来优化每一个子网。因此，训练的主要损失函数是 $\sum_{s=1}^{S} L_{ce}$。为了考虑像素之间的空间关系，本书还利用偏差约束交叉（Variance Constrained Cross，var）损失加强分割性能。

形式化来说，给定批数据 B，L_{var} 的定义如下：

$$L_{var} = \frac{1}{D} \sum_{d=1}^{D} \frac{1}{|B_d|} \sum_{i=1}^{|B_d|} (\mu_d - p^i)^2 \tag{7-6}$$

式中：D 是该批数据中实例（instance）的数量；B_d 表示该批数据中属于实例 d 的所有像素；$|B_d|$ 表示 B_d 的数据量大小；p^i 表示的是第 i 个像素经过第二个子网预测后的概率值；μ_d 表示的是 B_d 中所有像素概率的平均值。

总而言之,式(7-3)中用于监督分割的 L_{seg} 可以定义为

$$L_{seg} = L_{ce} + \lambda_{Dice} L_{Dice} + \lambda_{var} L_{var} \qquad (7-7)$$

式中:λ_{Dice} 和 λ_{var} 是用于调整权重的参数。

(4) 可学习的不确定性和一致性正则化。

师生框架中,教师模型的作用是引导学生模型,并评估分割图像的质量。在训练步骤 t 时,教师模型的权重 θ'_t 是通过 $\theta'_t = \alpha \theta'_{t-1} + (1-\alpha)\theta_t$ 更新的。其中,θ_t 表示的是学生模型的权重,α 为 EMA 衰减率。尽管这种方法成功地捕获了模型间的不一致性,但忽略了模型内的不确定性。由于卷积网络的分层体系结构,后续卷积层严重依赖先前的卷积层,模型内部可能存在差异。此外,如果没有 x_u 的真实值,笔者就无法始终保证教师模型的准确性是否高于学生模型。如图 7-6 所示,颜色较亮的部分表示更高的预测偏移。该图中显示分割的边界附近存在着预测不一致,并且多个阶段的子网之间存在着模棱两可的预测。为了解决这个问题,本书提出了一种新颖的可学习不确定性和一致性正则化策略,以量化师生架构中的模型内的不确定性和模型间的不一致性。该研究基于的假设是,减弱模型内的不确定性,加强模型之间的一致性可以提供更强的约束,从而促使学生网络达到更好的性能。

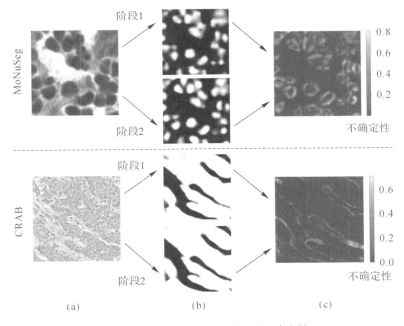

图 7-6　二阶网络模型的预测不确定性

（5）模型内和模型间的不确定性估计。

为了解决不一致性问题，之前的研究通过学生和教师网络的相互预测方差将不确定性建模为

$$U_{\text{inter}} = \sum_{i=1}^{N} E \parallel F_{s2}(x_i \mid \theta) - F_{s2}(x_i \mid \theta') \parallel^2 \qquad (7-8)$$

式中：$F_{s2}(x_i \mid \theta)$ 表示学生模型第二阶段的输出；$F_{s2}(x_i \mid \theta')$ 表示教师模型第二阶段的输出。

然而，由于层次化的结构，学生网络的不同阶段存在着内部差异，这将导致不同阶段输出的预测结果不一致。为了弥补差异，每个阶段输出的结果预测必须非常一致。因此，笔者额外估计内部不确定性 U_{intra} 为

$$U_{\text{intra}} = \sum_{i=1}^{N} E \parallel F_{s1}(x_i \mid \theta) - F_{s2}(x_i \mid \theta) \parallel^2 \qquad (7-9)$$

式中：$F_{s1}(x_i \mid \theta)$ 表示学生模型第一阶段的输出。

为了加强一致性和提高鲁棒性，笔者进一步在学生模型的两阶段中对隐藏特征引入小扰动。

一方面，根据式（7-7），监督式学习过程不断提高两阶段学生模型的能力。另一方面，半监督式学习过程迫使学生模型的最终预测与教师模型的预测一致［见式（7-8）］。同时，学生模型推动第一阶段的预测与其最终预测一致［见式（7-9）］。通过这样的操作，可以使第一阶段的预测更加准确，从而有利于最终的预测。

7.2.2.1　可学习不确定性的一致性正则化

为了防止教师模型产生较高的预测不确定性，本书针对引入了可学习的损失函数。首先，本书计算未标记数据集中第 i 张图像的不确定性为

$$u'_i = -\hat{q}^i_{\text{tea}} \ln \hat{q}^i_{\text{tea}} \qquad (7-10)$$

式中：$\hat{q}^i_{\text{tea}}$ 表示教师模型的预测概率；u'_i 表示第 i 个样本修正后的预测不确定性。

动态调整后的教师模型预测结果如下式所示：

$$\hat{q}^i_{\text{tea}} = (1 - u'_i)\hat{q}^i_{\text{tea}} + u'_i \hat{q}^i_{\text{stu}} \qquad (7-11)$$

式中：$\hat{q}^i_{\text{tea}}$ 和 $\hat{q}^i_{\text{stu}}$ 分别表示教师模型和学生模型中第二阶子网的预测；$\hat{q}^i_{\text{tea}}$ 表示教师模型的可学习预测。

当教师模型提供的结果不可靠（不确定性很高）时，$\hat{q}^i_{\text{tea}}$ 近似于 $\hat{q}^i_{\text{stu}}$。相反，当教师模型性能卓越（不确定性较低）时，$\hat{q}^i_{\text{tea}}$ 接近于 $\hat{q}^i_{\text{tea}}$，这样就提供了可信赖

的预测作为学生模型学习的目标。最后，笔者将内部和内部不确定性（即U_{inter}和U_{intra}）纳入训练目标。一致性间和一致性内正则化的损失函数可表示为

$$\left.\begin{array}{l}L_{\text{inter}}=L_{\text{mse}}\left[F_{s2}(x_i|\theta),F'_{s2}(x_i|\theta')\right]\\ L_{\text{intra}}=L_{\text{mse}}\left[F_{s1}(x_i|\theta),F'_{s2}(x_i|\theta')\right]\end{array}\right\} \quad (7-12)$$

式中：$F'_{s2}(x_i|\theta')$表示式（7-11）中教师模型的可学习预测；L_{mse}表示均方差损失函数，而L_{inter}和L_{intra}是式（7-3）中的项。

值得注意的是，针对教师模型，本书只使用第二阶段子网的输出教师模型的最终预测，而针对学生模型，两个阶段的子网络预测均参与优化过程。

7.2.2.2　形状注意加权一致性正则化

除了促进组织病理学图像的完整分割外，笔者还利用形状信息增强对边界区域的关注，以获得更好的分割预测。鉴于观察到医学图像中不确定性的增加主要来自模糊的边界区域，形状一致性增强至关重要。在这方面，笔者提出了一个关注形状权重（U_{shape}）来明确地促进来自学生和教师模型的轮廓相关预测。U_{shape}可以公式化为

$$\left.\begin{array}{l}u_{\text{shape}}=\|\operatorname{softmax}[F_{s2}(x_i|\theta)]-\operatorname{softmax}[F_{s2}(x_i|\theta')]\|\\ U_{\text{shape}}=-u_{\text{shape}}\ln u_{\text{shape}}\end{array}\right\} \quad (7-13)$$

由于最后阶段产生的预测比第一阶段更准确，所以额外的形状信息可能有利于最终的预测。因此，笔者将形状注意融合到L_{inter}。最后，具有形状注意权值的一致性间正则化可以定义为

$$L_{\text{inter}}=[1+\sigma(U_{\text{shape}})]L_{\text{mse}}\left[F_{s2}(x_i|\theta),F'_{s2}(x_i|\theta')\right] \quad (7-14)$$

式中：σ为将不确定性缩放到$[0,1]$的 min-max 归一化。

通过这种方式，学生和教师模型之间边界预测的差异可以通过形状注意机制进行加权，从而允许在训练期间进行更有针对性的调整，以保持分割对象的完整形状。

7.3　数据集与预处理

（1）MoNuSeg。

多器官细胞核分割数据集由 44 幅 H&E 染色的组织病理学图像组成，这些图像是从多家医院收集的。其图像的分辨率为 1 000×1 000。该数据集的训练集包含了 30 个组织病理学图像以及相应手动标注的真实分割值，而测试集则包含 14 张图像。本书使用随机采样的 27 张图像作为训练集，其余 3 张

图像用作训练过程中的验证集。

（2）CRAG。

结直肠腺癌数据集来自 38 张全视野（Whole Slide Images，WSI）的数字切片，并从中裁取出 213 张 H&E CRA 图像而得。CRAG 数据集分为 173 张训练图像（其中 153 张图像当作训练集，20 张图像当作验证集）和 40 张具有不同癌症等级的测试图像。大多数图像的像素分辨率为 1 512×1 516，这些图像都提供了分割标准。

本书使用滑动窗口从每个训练图像中裁剪小图像块。对于 MoNuSeg，图像块的大小为 128×128，一共裁剪得到 1 728 个图像块。对于 CRAG，本书从 153 张图像中提取了 5 508 个图像块，其分辨率为 480×480。本书进一步对这些数据进行在线数据扩充，扩充的操作包括随机缩放、翻转、旋转和仿射操作。所有这些训练图像均使用 ImageNet 的标准偏差和平均值进行归一化。

7.4　实验参数设定

本实验使用 PyTorch 实现 PG-FANet 并在 NVIDIA GeForce GTX 2080Ti 显卡进行训练和测试。对于 MoNuSeg，批大小设置为 16，对于 CRAG 数据集，批大小设置为 4。本实验使用初始学习率为 2.5×10^{-4} 的 Adam 优化器优化网络。优化器的动态学习率调整使用了一种多项式调整策略（Polynomial Learning Rate Policy），其动态学习率为初始学习率乘以 $\left(1-\dfrac{\text{iter}}{\text{total\_iter}}\right)^{0.9}$。训练迭代的总次数设置为 $300\times(\text{iter\_per\_epoch})$，相当于 Jin 等人引入的 300 个轮次。式（7－7）中的 λ_{Dice} 和 λ_{vcc} 都设置为 1。式（7－2）中的 λ_r 经验上设置为 1。式（7－2）中的权重因子 $\lambda(T)$ 由高斯斜坡函数 $\lambda(T)=k\times e^{-5(1-t/T)^2}$ 计算，如 Li，Yu 等人所介绍的那样。T 设置为相当于总训练轮次 300，k 经验上设 MoNuSeg/CRAG 数据集的 0.1/5.0。EMA 衰减率 α 经验上设置为 0.99。笔者使用 ImageNet 预训练 ResNet34 作为骨干。所有性能均为三次运行的平均值。对于半监督学习，笔者使用与上述相同的设置，除了训练样本的增长百分比。训练图像的百分比为 5%（1/8），10%（3/15），20%（5/31），以及 50%（14/76）用于核/腺体。

7.5　模型评估指标

细胞分割的评估指标包括 F1 分数（F1）、交并比（Intersection over Union，IoU）、平均骰子系数（Average Dice coefficient，Dice）和增强的雅卡尔指数（Aggre-gated Jaccard Index，AJI）。对于腺体分割，评估指标包括 F1 分数（F1）、实例骰子系数（Object-level Dice coefficient，Dice$_{obj}$）和实例豪氏道夫（Object-level Hausdorff，Haus$_{obj}$）距离。

7.6　实　验　验　证

7.6.1　全监督分割

完全监督方法可分为基于 U-Net 的模型和基于非 U-Net 的模型：

（1）对于基于 U-Net 的模型，笔者选择 R2U-Net，BiO-Net，BiX-NAS，M-Net，HARU-Net 和 ADS_UNet 进行比较。

（2）对于基于非 U-Net 的模型，选择 LinkNet，Micro-Net，Full-Net，DCAN，MILD-Net，DSE，PRS2 和 MedFormer。

1. 细胞核分割

在 MoNuSeg 数据集上，与最先进的方法相比，笔者评估了笔者提出的模型在测试数据上的性能。如表 7-1 所示，在相同和不同的实验设置下，PG-FANet 在所有评价指标上都优于所有其他模型。在相同的实验设置下，与第二好的模型 MedFormer 相比，笔者的模型在 AJI 分数（核分割关键指标）上的改进幅度为 1.6%。通过与不同实验设置下的模型进行比较，笔者的 PG-FANet 在 Dice 和 IoU 分数上的改进也是可取的。由于相关文献中缺少几个指标，F1，AJI 和 95HD 无法进行明确的比较。即使评估指标有限，实验结果表明，笔者的 PG-FANet 优于所有其他模型。

表 7-1　笔者提出的 PG-FANet 和最先进的方法在 MoNuSseg 数据集上的性能比较

环境	方法	F1	Dice	IoU	AJI	95HD	Params(M)
相同	Micro-Net	0.810	0.723	0.602	0.457	9.753	186.74
	U2-Net	0.886	0.813	0.704	0.598	6.747	1.14

续表

环境	方法	F1	Dice	IoU	AJI	95HD	Params(M)
相同	R2U-Net	0.866	0.824	0.718	0.593	6.127	39.09
	LinkNet	0.892	0.825	0.718	0.614	6.093	11.53
	FullNet	0.897	0.827	0.722	0.625	5.876	1.78
	BiO-Net	0.894	0.824	0.720	0.619	6.008	14.97
	MedFormer	0.891	0.829	0.725	0.629	5.951	28.07
	HARU-Net	0.895	0.829	0.723	0.624	5.964	44.08
	AD0S-UNet	0.894	0.831	0.728	0.619	5.885	26.72
不同	Micro-Net	—	0.819	0.696	—	—	186.74
	M-Net	—	0.813	0.686	—	—	1.56
	R2U-Net	—	0.815	0.683	—	—	9.09
	LinkNet	—	0.767	0.625	—	—	11.53
	FullNet	0.857	0.802	—	0.600	—	1.78
	BiO-Net	—	0.825	0.704	—	—	14.97
	BiX-NAS	—	0.822	0.699	—	—	—
	PG-FANet	0.900	0.839	0.736	0.645	5.420	42.78

2. 腺体分割

笔者使用其他方法评估 PG-FANet 的腺体分割性能,包括 U-Net,MILD-Net,DSE,PRS2,MedFormer,HARU-Net 和 ADS_UNet。如表7-2所示,在所有模型中,PG-FANet 在 F1,Dice$_{obj}$ 和 Hausobj 方面的性能始终是最好的。

表 7-2　笔者提出的 PG-FANet 和最先进的方法在 CRAG 上的分割结果比较

环境	方法	F1	Dice$_{obj}$	Haus$_{obj}$	95HD$_{obj}$	Params(M)
相同	U-Net	0.733	0.832	188.031	160.567	3.35
	MedFormer	0.813	0.885	118.204	96.861	28.07
	HARU-Net	0.841	0.875	137.774	107.728	44.08
	ADS-UNet	0.749	0.835	164.886	143.721	26.72

续表

环境	方法	F1	Dice$_{obj}$	Haus$_{obj}$	95HD$_{obj}$	Params(M)
不同	DCAN	0.736	0.794	218.760	—	1.75
	MILD-Net	0.825	0.875	160.140	—	55.69
	DSE	0.835	0.889	120.127	—	—
	PRS2	0.843	0.892	113.100	—	—
	PG-FANet full	0.860	0.901	102.683	80.181	42.78

总之,实验结果表明,笔者的 MGFE 和 MMFA PG-FANet 优于最先进的方法,并改善了完全监督分割的结果。

7.6.2　半监督分割

为了便于说明,本节用 PG-FANet-SSL 表示所提出的半监督框架。本实验通过逐渐增加带标签数据的比例,以验证在有限标签数据下的 PG-FANet 是否能取得具有竞争力的分割性能。为了展示提出的半监督分割算法的有效性,本书根据组织学病理图像重新实现并调整了八个最先进的半监督网络模型,主要包括师生模型(MT)、基于不确定的师生模型(Uncertainty Aware Mean-Teacher,UA-MT)、插值一致性模型(Interpolation Consistency Training,ICT)、基于变换一致性的自装配模型(Transformation-Consistent Self-Ensembling Model,TCSM)、双不确定性加权模型(DUW)、交叉伪监督(CPS)、不确定性校正金字塔一致性(URPC)和相互一致性学习(MC-Net)。对于 URPC 和 MC-Net,笔者使用原始骨干网而不是 PG-FANet,这是因为它与这些方法不兼容。上面提到的所有其他 SSL 方法都使用 PG-FANet 作为主干重新实现,并在相同的设置下进行。除了上述方法外,笔者还将笔者的框架与最近的半监督模型进行了比较,即 Self-loop 和 PRS2,用于核/腺体分割。笔者直接从 Self-loop 和 PRS2 论文中复制了笔者无法获得源代码的值。

1. 细胞核分割

如表 7-3 和表 7-4 所示,使用相同比例的标记数据,笔者的 PG-FANet-SSL 比 PG-FANet 产生了显著的改进。具体来说,随着标记图像数量的增加,与完全监督训练相比,笔者的模型在 AJI 上显示出 5.9%,2.9%,2.7% 和 2.8% 的改进。笔者注意到,当标注数据比例从 5% 增加到 50% 时,AJI 得分有明显的提高,表明标注数据数量的增加在只有少量标注数据的情况下影响显著。

表 7 - 3 MoNuSeg 与 CRAG 数据集上使用不同比例标签数据实验结果

标记数据比例	方法	F1	Dice	IoU	AJI	95HD	F1	$Dice_{obj}$	$Haus_{obj}$	$95HD_{obj}$
5%	PG-FANet	0.822	0.767	0.646	0.505	8.998	0.718	0.773	246.130	208.665
	MT	0.785	0.790	0.677	0.486	8.125	0.735	0.827	168.896	145.527
	UA-MT	0.804	0.791	0.678	0.498	8.090	0.719	0.804	194.210	162.306
	ICT	0.789	0.793	0.680	0.495	7.846	0.646	0.785	226.636	197.786
	TCSM	0.800	0.794	0.681	0.502	7.874	0.759	0.825	176.449	149.699
	DUW	0.815	0.750	0.630	0.465	10.913	0.682	0.803	195.196	153.082
	CPS	0.844	0.767	0.644	0.535	7.018	0.723	0.828	174.738	150.858
	URPC	0.811	0.787	0.677	0.503	8.351	0.492	0.643	376.769	324.264
	MC-Net	0.836	0.800	0.689	0.548	7.405	0.527	0.652	364.860	309.034
	PG-FANet-SSI	0.837	0.809	0.698	0.564	6.641	0.807	0.869	136.498	112.232
10%	PG-FANet	0.874	0.798	0.686	0.580	7.071	0.770	0.821	192.773	169.371
	MT	0.881	0.817	0.708	0.598	6.299	0.802	0.866	139.056	118.682
	UA-MT	0.880	0.818	0.710	0.598	6.285	0.802	0.857	143.842	125.867
	ICT	0.879	0.817	0.709	0.597	6.272	0.799	0.864	138.699	120.673
	TCSM	0.883	0.819	0.711	0.602	6.181	0.806	0.857	149.408	127.688
	DUW	0.885	0.807	0.697	0.591	6.941	0.790	0.853	163.726	131.580

续表

标记数据比例	方法	F1	Dice	IoU	AJI	95HD	F1	$Dice_{obj}$	$Haus_{obj}$	$95HD_{obj}$
10%	CPS	0.883	0.807	0.696	0.599	6.105	0.771	0.862	150.635	123.897
	URPC	0.876	0.819	0.713	0.596	6.179	0.691	0.794	206.021	174.280
	MC-Net	0.866	0.817	0.710	0.588	6.473	0.543	0.690	335.600	281.984
	PG-FANet-SSL	0.886	0.813	0.703	0.609	6.416	0.822	0.878	116.901	97.906
	PG-FANet	0.884	0.811	0.702	0.602	6.726	0.828	0.870	128.166	110.100
20%	MT	0.887	0.822	0.716	0.609	6.182	0.836	0.886	116.070	96.658
	UA-MT	0.887	0.826	0.721	0.614	6.000	0.834	0.884	118.373	99.370
	ICT	0.885	0.823	0.717	0.611	6.089	0.821	0.877	122.433	105.343
	TCSM	0.888	0.824	0.717	0.614	6.078	0.817	0.873	127.817	107.789
	DUW	0.887	0.822	0.715	0.616	6.146	0.837	0.876	125.471	101.802
	CPS	0.891	0.820	0.712	0.625	5.694	0.793	0.869	139.266	115.265
	URPC	0.888	0.832	0.729	0.621	5.830	0.736	0.814	193.536	161.891
	MC-Net	0.872	0.822	0.716	0.593	6.484	0.629	0.741	283.179	236.890
	PG-FANet-SSL	0.891	0.825	0.718	0.629	5.717	0.819	0.888	112.694	96.968
50%	PG-FANet	0.884	0.809	0.700	0.598	6.731	0.836	0.887	123.998	95.639
	MT	0.891	0.827	0.722	0.622	5.900	0.843	0.883	121.485	95.565

续表

标记数据比例	方法	F1	Dice	IoU	AJI	95HD	F1	$Dice_{obj}$	$Haus_{obj}$	$95HD_{obj}$
50%	UA-MT	0.885	0.829	0.723	0.620	5.902	0.816	0.880	120.328	101.421
	ICT	0.889	0.828	0.723	0.622	5.865	0.846	0.871	143.577	112.132
	TCSM	0.888	0.827	0.722	0.621	5.913	0.844	0.886	120.630	96.050
	DUW	0.887	0.804	0.691	0.594	6.784	0.843	0.886	114.495	99.170
	CPS	0.886	0.826	0.720	0.630	5.555	0.834	0.888	122.204	96.662
	URPC	0.886	0.834	0.732	0.625	5.573	0.725	0.830	166.954	145.954
	MC-Net	0.880	0.807	0.696	0.595	6.245	0.634	0.744	222.888	194.171
	PG-FANet-SSL	0.890	0.826	0.720	0.626	5.777	0.822	0.889	112.926	93.775
100%	PG-FANet full	0.900	0.839	0.736	0.645	5.420	0.860	0.901	102.683	80.181

表 7 - 4　在 MoNuSeg 和 GRAC 使用笔者的 PG-FANet 和最先进的半监督学习方法对不同百分比的标记数据进行腺分割的实验结果

标注量	方法	MoNuSeg	CRAG	
		F1	F1	Dice_{obj}
20%	Self-loop	0.771	—	—
	PRS^2	—	0.807	0.850
	PG-FANet-SSL	0.891	0.819	0.888
50%	Self-loop	0.791	—	—
	PRS^2	—	0.823	0.870
	PG-FANet-SSL	0.890	0.822	0.889

此外,与所有半监督学习模型相比,笔者的 PG-FANet-SSL 方法在 AJI 上取得了更好的总体性能。有趣的是,对于 5% 的标记数据,与基线 PG-FANet 相比,其他 SSL 方法获得了边际性能。而随着标记数据的增加,其他 SSL 方法对未标记数据的学习能力也有所提高。笔者解释这一发现是因为笔者的 PG-FANet-SSL 与不确定性间和不确定性内正则化比其他方法获得了更强的鲁棒性结果。

2. 腺体分割

笔者的半监督方法的性能使用 CRAG 数据集进一步证明,如表 7 - 3 和表 7 - 4 所示。与完全监督基线 PG-FANet 相比,当使用 5%/10% 的标记数据时,笔者的 PG-FANet-SSL 方法显著提高了 F1,Diceobj 和 Hausobj,分别提高了 8.9%/5.2%,9.6%/5.7% 和 109.632/75.872。与最先进的方法相比,笔者的 PG-FANet-SSL 仅使用 5%/10% 的标记数据进行训练,显示出显著的改进。

综上所述,笔者的第一个发现是:第一随着标记数据数量的增加,分割的性能稳步提高。第二,笔者提出的 PG-FANet-SSL 在使用相同比例的标记数据进行训练时,与完全监督的 PG-FANet 相比,具有更好的性能。第三,与使用 100% 标记数据的其他完全监督方法相比,笔者的 PG-FANet-SSL 在使用 50% 标记数据时保持了竞争性能。第四,PG-FANet-SSL 优于最近最先进的半监督学习方法,特别是在 5%,10% 和 20% 标记数据的训练中,这表明了笔者的不确定性建模策略的有效性。最后但并非最不重要的是,有趣的是,随着标记数据数量的增加,半监督学习方法和监督学习方法之间的性能差异变得微不足道。笔者将这一发现解释为这两个数据集的多样性有限的原因,并且整个组织病理学图像可能包含一定数量的标记核/腺体实例。因此,只需要有限数量的标记数据进行训练,就可以在核/腺体分割上获得最先进的性能。

7.6.3 消融实验

7.6.3.1 MGFE 和 MMFA 的有效性

笔者进行消融研究,以评估笔者框架中不同成分的贡献。笔者首先去除所有组件,将两级网络降级为单级网络,并逐渐将提出的组件(即掩模引导,多尺度和多阶段)添加到模型中。如表 7-5 所示,当笔者在 DeepLabV2 上增加一个阶段时,MoNuSeg 上的总体性能评估指标 AJI 分数增加了 0.8%,这表明额外的主干不能提高模型的能力。然而,当将掩模引导的特征增强模块引入两级网络时,AJI 指标增加了 1.4%。MGFE 模块利用粗分割结果进行增强,最终提高模型的学习能力。通过多尺度和多阶段特征聚合模块的应用可以观察到改进。

表 7-5 使用 100%标记数据分析 PG-FANet 中不同模块在 MoNuSeg 上的有效性

二阶子网	伪标管引导	多尺度	多尺度	F1	Dice	IoU	AJI	95HD
×	×	×	×	0.876	0.807	0.698	0.589	7.020
√	×	×	×	0.882	0.809	0.701	0.597	6.826
√	√	×	×	0.886	0.821	0.715	0.615	6.173
√	√	√	×	0.896	0.837	0.734	0.640	5.53
√	√	√	√	0.900	0.839	0.736	0.645	5.420

7.6.3.2 可学习不确定性的一致性正则化有效性

笔者使用 5%的标记 NoNuSeg 和 CRAG 来证明不确定性和一致性正则化的有效性。表 7-6 介绍了关键组件的消融研究。一方面,在 MoNuSeg/CRAG 数据集上,添加一致性间正则化策略可使 AJI/Diceobj 指标提高 1.5%/8.5%。另一方面,减少内部不确定性也使 AJI/Diceobj 指标提高了

1.9%/8.7%。此外,形状注意加权一致性正则化还保留了医学图像中分割的完整形状。为了直观地说明每个组件在 MoNuSeg 数据集上的有效性,笔者在图 7-7 中给出了分割结果。如图 7-7 所示,与基线方法(即图 7-7 中的第二列)相比,借助减少内部不确定性(即图 7-7 中的第三列),假阳性预测的发生率显著减少。这一结果强调了战略性地减少内部不确定性对实现实质性性能进步的深远影响。关于减少内部不确定性,与基线产生的预测相比,错误预测的程度也更小,这肯定了内部不确定性和一致性正则化的有效性。至于形状增强成分,错误预测变得稍微明显,可能是由于与腺体相比,核的尺寸更小,边界更模糊。尽管如此,所有一致性正则化策略的结合减轻了强制外观一致性的挑战,最终促使性能的提高。

表 7-6 使用 5%标记数据对 MoNuSeg 和 GRAC 上 PG-FANet-SSL 正则化的有效性分析

Inter-	Intra-	Shape-	MoNuSeg					GRAC			
			F1	Dice	IoU	AJI	95HD	F1	$Dice_{obj}$	$Haus_{obj}$	$95HD_{obj}$
×	×	×	0.822	0.767	0.646	0.505	8.998	0.718	0.773	246.130	208.665
√	×	×	0.801	0.797	0.684	0.520	7.437	0.796	0.858	148.080	123.161
×	√	×	0.818	0.796	0.683	0.524	7.620	0.764	0.860	140.692	119.236
×	×	√	0.782	0.794	0.680	0.495	7.726	0.775	0.850	168.771	131.135
√	√	×	0.826	0.803	0.691	0.547	7.072	0.797	0.861	145.948	116.866
√	√	√	0.837	0.809	0.698	0.564	6.641	0.807	0.869	136.498	112.232

注:①Inter-表示模型间不确定正则化;

②Intra-表示模型内不确定正则化;

③Shape-表示加权一致性正则化。

7.6.4 定性实验

7.6.4.1 分割结果可视化

通过完全监督和半监督对细胞核和腺体分割的定性结果如图 7-8 所示。与完全监督的 PG-FANet 相比,PG-FANet-SSL 在目标边界附近具有竞争性的置信预测。随着标记数据比例的增加,错误预测的区域变得更小,核/腺体的边界变得更清晰。

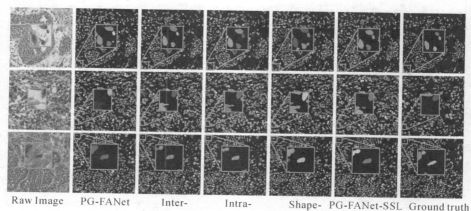

图 7 - 7　使用 5％标记数据对 PG-FANet-SSL 中每个附加组件的
MoNuSeg 数据集进行分割的结果

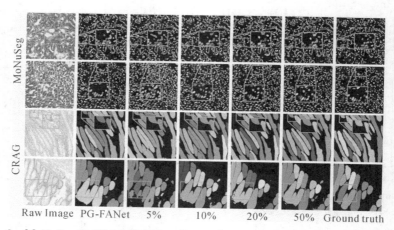

图 7 - 8　MoNuSeg 和 CRAG 数据集上使用 5％，10％，20％，50％数据分割的结果图

　　此外，笔者通常在图 7 - 9 中可视化笔者的 PG-FANet-SSL 和其他最先进的方法生成的样本。随着标记数据比例的增加，所有比较方法的性能都有明显的提高。这种改进可以归因于将更多有价值的信息集成到学习过程中。值得注意的是，与所有其他方法相比，PG-FANet-SSL 在竞争性能方面脱颖而出。它在 MoNuSeg 和 CRAG 数据集中展示了更清晰的边界，强调了它在这些特定数据集背景下的有效性。笔者对这一发现的解释是，由于组织病理学图像中前景和背景区域之间的微妙对比，不确定性通常存在于物体边界附近。

本书所提出的 PG-FANet-SSL 框架使学习过程能够关注这些不确定性,从而产生更可靠的分割结果。

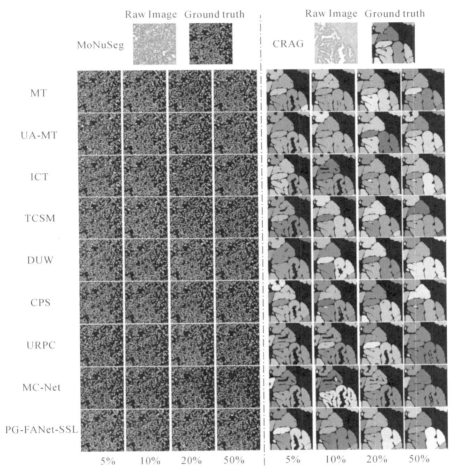

图 7-9　与其他最先进的方法结果比较,笔者的方法在 MoNuSeg 和 GRAC
　　　　数据集上取得代表性的分割结果

7.6.4.2　不确定性可视化

笔者还提供了可视化结果来显示 PG-FANet 与使用 5% 标记数据训练的 PG-FANet-SSL 之间的不确定性间和不确定性内差异,如图 7-10 所示,笔者观察到具有内部或形状注意加权一致性正则化的 SSL 提供了更自信的边界预测监督 PG-FANet。此外，具有一致性内正则化机制的 SSL 也减小了学生模型内的预测差异。

综上所述，表 7-6 和图 7-7 表明：

(1)学生模型内部存在不一致性，而笔者的 PG-FANet-SSL 方法可以更好地对不一致性进行建模；

(2)在没有内部不确定性策略的情况下，AJI/Dice 继续减少，因为内部不确定性策略可以动态地利用教师模型获得的不确定性；

(3)额外的边界信息和形状增强有利于组织病理学图像的完整对象分割。

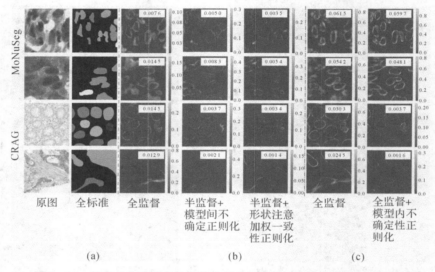

图 7-10　笔者的全监督方法和半监督方法（用 SSL 表示）的组织病理学
图像、基础真值、内部和内部不确定性

注：红色的平均预测方差分数显示了物体边界附近的不一致性。值得注意的是，教师
和学生模型之间的不确定性在(b)中，而两阶段网络之间的不确定性在(c)中。

7.7　本章小结

本章针对医学影像数据稀缺的问题，从如何有效利用已标注和未标注的数据入手，首先提出了一种新颖的伪标签引导下的特征聚合网络，以聚合多尺度和多阶段特征。然后，本章还提出了基于可学习的不确定性和一致性正则化策略的半监督学习框架，对 MT 架构中模型内的不确定性和模型间的不一致性进行建模,有效地提高了学生模型预测的准确性。实验结果表明,与全监督模型相比,本书提出的半监督分割模型在有限的标记数据下达到极具竞争力的性能。

综上所述,本章针对如何有效地利用有限的带标注和未标注数据展开研究,其核心解决的问题是在同源数据的前提条件下,尽量使用较少已标记的数据与较多未标记数据,构建拥有对未标记数据学习能力的深度学习算法。该算法利用多级子网聚合多尺度多阶段特征。针对组织学病理影像具有数量少、实例多等特点,本书利用组织学病理影像数据对本章节提出的模型进行了验证。因此,本章节以深度学习为基本技术方案,提出了半监督学习方法解决同源数据的数据稀缺问题,为解决医疗数据稀缺的问题提供了另一种新颖的解决方案,同时,本章提出的由于深度神经网络框架中层级结构导致的不确定性理论也为后续章节解决跨域数据对齐问题提供了一种解决思路。

第8章 基于域适应的自矫正分割算法研究

本章针对不同医疗设备扫描产生的数据分布不同的现象,从实际运用的角度出发,解决了该域漂移问题,增强分割模型的鲁棒性。具体来说:本章详细分析多中心数据会导致分割模型性能极大降低的缺陷,阐述现有域适应深度学习方法的不足,并提出一种全新的基于域适应的自矫正模型;对新算法进行详细的分析与论述,并使用多中心的新型冠状数据对提出的算法进行验证。

8.1 引 言

深度学习方法在计算机图像处理任务中获得了巨大的成功,其基本假设是训练数据和测试数据都来自相同的数据分布。但是,在实际情况下,自然图像和医学图像处理领域经常不遵循这一假设。在医学领域,由于医院的扫描仪供应商、成像协议和患者人群等的不同,其扫描得到的数据分布存在显著差异。随着数据分布的变化,已在一个已知域(Domain)中训练完的模型可能无法在另一个从未见过的域(Unseen Domain)中表现卓越,也即域漂移(Domain Shift)问题的存在会降低模型预测的精准度。

为了解决这个问题,域适应(Domain Adaptation,DA)算法通常会在特征空间学习出一种域不变性(Domain Invariant)用于对齐源数据与目标数据。这些 DA 方法通常将源数据和目标数据嵌入潜在空间,通过处理潜在空间来提升模型对多种数据分布的学习能力。通过使用这种嵌入方式,可以将源域上训练完毕的模型直接应用于目标域测试。然而,受第 7 章可学习不确定性算法的启发,这种 DA 方法存在许多缺陷。首先,大多数 DA 模型集中于缩小高阶潜在空间中的分布变化,而忽略了神经网络层级结构中低层语义特征带来的影响。其次,很少有 DA 模型将先验知识整合到特征提取的过程中。在有效标注的训练数据量有限时,先验知识可以提供一定程度的监督。最后,现有的 DA 分割模型并未充分使用目标域上的伪标签。对于伪标签的潜在信息,并没有被再次使用。

为了解决上述问题,本书提出一种新颖的基于域适应的自矫正学习(Domain Adaptation Based Self-Correction learning,DASC)算法。

自 2019 年 12 月以来,新型冠状病毒的迅速传播已引起全球恐慌。如何利用这些新型冠状数据,使用计算机方法替代实时聚合酶链反应(RT-PCR)检测方法、对新型冠状病毒感染区域进行分割便成了一个非常具有实际应用价值的研究热点。然而,由于多种原因,自动在 CT 图像上分割新型冠状病毒感染区非常具有挑战性。首先,新型冠状病毒 CT 图像的数据量有限,在人力、物力紧缺的条件下,很难获得大量带有像素级注释的新型冠状病毒数据集。其次,如图 8-1 所示,本书分别在三个跨中心新型冠状病毒数据集中随机抽取 100 个样本,通过预训练的 ResNet-34 提取潜在空间特征图,并通过 t-SNE 进行可视化。v_i^{S1} 表示域 S1 的潜在空间中的提取的第 i 个特征向量,S1,S2 和 S3 表示来自不同医院的数据域。由图 8-1 可得出结论,当前可用的公共新型冠状病毒 CT 图像数据集存在着严重的域漂移问题。第三,CT 图像上新型冠状病毒感染区表现出较大的差异,例如不规则形状、边界不清晰以及强度分布不均匀。

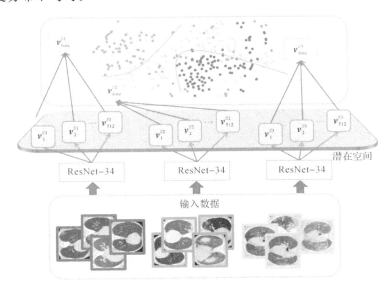

图 8-1　新型冠状病毒数据中存在的域漂移问题

以上种种因素致使自动定位和分割新型冠状病毒感染区更具挑战性,该任务具有迫切的实际应用价值。因此,本书使用跨中心新型冠状病毒 CT 数据来验证所提出基于域适应的自矫正分割算法的有效性。

　　针对上述问题,本书首先从理论上提出一种新颖的先验知识驱动下的域适应和双域增强自矫正学习模式(Prior Knowledge Driven Domain Adaptation and Dual-Domain Enhanced Self-Correction Learning Scheme)。该学习模式如图 8-2 所示,F_f 和 T_g 表示特征提取的编码和解码器,D_m 和 D_f 表示标签域判别器(Mask-Level Discrimina-Tors)和层级特征域判别器(Hierarchical Feature Level Discriminators),Fprior 是先验知识特征提取器,F'_f 和 T'_g 表示自适应调整的 F_f 和 T_g。L_{seg},$L_{adv\text{-}seg}$ 和 $L_{adv\text{-}fea}$ 分别表示分割损失函数,标签域对抗损失以及特征域对抗损失函数。

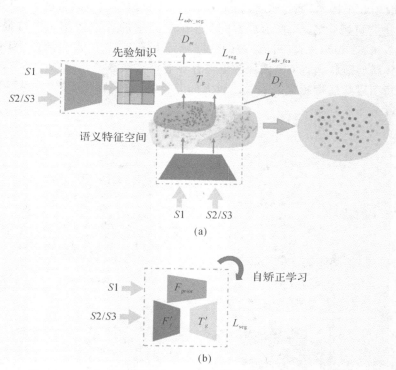

图 8-2　先验知识驱动下的域适应和双域增强自矫正学习模式
(a)先验知识驱动下的域适应;　(b)双域增强自校正学习

　　给定来自源域(S1)和目标(S2/S3)域的数据,本书首先提取了是否是新型冠状 CT 的先验知识。随后,为了解决语义特征空间中的域漂移问题,本书提出了层级特征域判别器,对齐了源域和目标域。然后,通过该 DA 分割模型,得到初始分割(即伪标签)。最后,本书提出了一种双域增强的自矫正学习机制,可以通过从源域和目标域样本中进行学习以自适应地完善伪标签。根据以上理论,本书提出了一种基于域适应的自矫正模型(Domain Adaption based Self-Correction Network,DASC-Net)。

本书所提出算法的创新点与贡献总结如下。

(1)从理论上来说,本书提出了一种新颖的先验知识驱动下的域自适应和双域增强自矫正学习模式。该 DA 方案能够最小化标签域和层级特征域中的域漂移影响。同时,通过自矫正学习方案对伪标签进行迭代优化。

(2)从实际上来说,本书提出了一种新颖的注意力和特征域增强的域适应模型(Attention and Feature Domain enhanced DA model,AFD-DA),以提高存在域漂移数据的分割效果。该模型创新点包括引入 CAM(即先验知识)来突出肺部异常区域,对齐层级特征域以弱化域漂移的影响。

(3)为了充分利用有限的训练数据,本书提出了一种双域增强的自矫正学习算法来优化分割结果。自矫正学习算法在训练过程中逐步优化了网络模型并聚合了伪标签。此外,源域和目标域在自矫正过程中是协同学习的,这最大限度地减少了由伪标签中的噪声引起的误导。

(4)本书使用三个公共新型冠状病毒 CT 数据集进行评估,大量的实验表明,与最新的医学图像分割和域适应方法相比,本书提出的模型性能优异。本书提出的 DASC-Net 填补了深度学习 DA 理论和新型冠状病毒影像分割实践之间的空白。

8.2　基于域适应的自矫正分割算法

DASC-Net 的网络结构如图 8-3 所示。DASC-Net 由用于初始分割的注意力和特征域增强的域适应模型(AFD-DA)以及用于矫正分割结果的迭代训练过程组成。AFD-DA 具有三个创新模块:

(1)基于类别激活映射图(CAM)的注意力分支,用于促使网络的注意集中在肺部感染区域。

(2)用于层级特征域对齐的判别器。

(3)混合损失函数。自矫正过程的主要组成包括多个迭代训练周期,其中每个迭代周期都包含一个注意力增强的分割网络(Attention enhanced Segmentation Network,AttSegNet),以及用于模型优化和伪标签自矫正的机制。

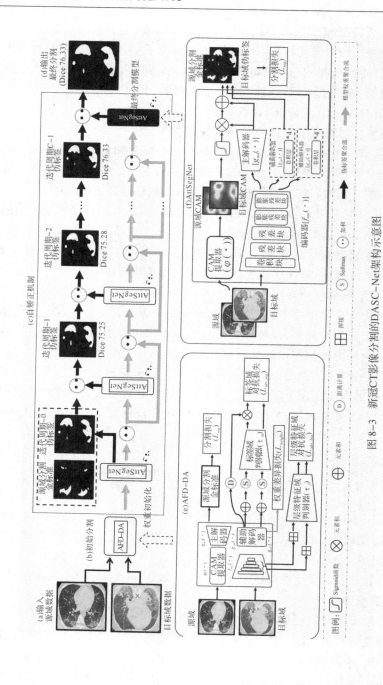

图 8-3 新冠CT影像分割的DASC-Net架构示意图

8.2.1　基于对抗学习的基础域适应模型

8.2.1.1　问题定义

给定来自受感染源域 I_s 的图像 $I_s \in \mathbf{R}^{H \times W}$ 和目标域 I_T 的图像 $I_t \in \mathbf{R}^{H \times W}$，其中 H 和 W 是图像的高度和宽度，S 和 T 是源域和目标域的图像集合。分割模型使用标记的源域 $D_S = \{(I_s, Y_s)\}_{s \in S}$ 和未标记的目标域 $D_T = \{I_t\}_{t \in T}$ 来训练，其中 $Y_s \in \{0, 1\}^{H \times W}$ 表示 I_s 的对应标签。分割模型先从 I_s 和 $Y_s \in \{0, 1\}^{H \times W}$ 中学的知识。随后，分割模型对图像 I_t 进行预测得到输出 P_t。域适应的目标是使分割模型在目标域上也表现出理想的语义分割性能。DA 方法与 SSL 方法在某种程度上有一定的相似性，但最大的区别在于 DA 方法是针对不同分布的数据而定制的，而 SSL 方法是为了解决同分布下数据缺失的问题。

8.2.1.2　基础域适应模型

由于 Luo 等人提出的 DA 模型在全局对齐的过程中能保证局部一致性，因此，本书使用了该模型作为基础网络。该模型由生成器 G 和标签域判别器 $\tau_m(\cdot)$ 组成。生成器 G 由特征编码器 $f_{enc}(\cdot)$ 和两个解码器组成，两个解码器分别标记为 $g_{ad1}(\cdot)$ 和 $g_{ad2}(\cdot)$。在本实验中，采用膨胀的 ResNet-34 作为特征编码器。为了保证 g_{ad1} 和 g_{ad2} 的权重多样化，在协同训练过程中，Luo 等人使用余弦距离函数来约束 g_{ad1} 和 g_{ad2} 的权重。

对于源域来说，图像 I_s 使用编码器 $f_{enc}(\cdot)$ 的特征提取功能，转化为高阶特征图。这些高级特征图便作为两个解码器（即 g_{ad1} 和 g_{ad2}）的输入，以生成最终预测 P_s^1 和 P_s^2。因此，有监督的分割损失函数 L_{seg} 定义为

$$L_{seg} = E[L_{ce}(P_s^1, Y_s) + L_{ce}(P_s^2, Y_s)] \tag{8-1}$$

式中：L_{ce} 表示交叉熵损失，而 P_s^1 和 P_s^2 由 $g_{ad1}[f_{enc}(I_s)]$ 和 $g_{ad2}[f_{enc}(I_s)]$ 获得；P_s^1 和 P_s^2 作为标签域判别器 τ_m 的输入，以进行标签域对抗学习。

对于目标域来说，图像 I_t 的最终预测 P_t^1 和 P_t^2 也可以通过生成器 G 获得。除了标签域对抗性损失之外，本书也使用了余弦相似度来度量 P_t^1 和 P_t^2 之间的像素级差异 $\mathrm{Dis}(P_t^1, P_t^2)$，形式化表示如下式所示：

$$\mathrm{Dis}(P_t^1, P_t^2) = 1 - \cos(P_t^1, P_t^2) \tag{8-2}$$

总之，对抗学习过程可以表述为

$$L_{adv\_seg} = E\{\ln[\tau_m(P_s^1 + P_s^2)]\} + E\{\lambda_{dis}DIS(P_t^1 + P_t^2)\}\ln[1 - \tau_m(P_t^1 + P_t^2)]$$
$$(8-3)$$

式中:λ_{dis}是权重因子。

基础的 DA 模型还引入了g_{ad1}和g_{ad2}的权重差异损失L_{weight}。L_{weight}的计算方式为

$$L_{weight} = \frac{w_1 \cdot w_2}{\parallel w_1 \parallel \parallel w_2 \parallel}$$
$$(8-4)$$

式中:w_1 和 w_2 是通过对g_{ad1}和g_{ad2}的卷积层的权重进行扁平化和拼接而获得的。基础 DA 模型中的最终训练目标函数L_{BASE}可以表示为

$$L_{BASE} = L_{seg} + \lambda_{weight}L_{weight} + \lambda_{adv\_seg}L_{adv\_seg} \qquad (8-5)$$

式中:λ_{weight}和λ_{adv_seg}是权重因子。

8.2.2 基于先验知识与特征域增强的域适应模型

由于新型冠状病毒图像的源域和目标域之间存在较大差异,所以基准 DA 模型可能无法识别微小的肺感染区域或与健康组织高度相似的肺感染区域。此外,基础的 DA 模型仅惩罚了标签域的不一致性。但是,神经网络层级结构特点导致层级特征域中仍然存在不一致的情况。因此,本书提出了一种注意力和特征域增强的域适应模型(AFD-DA)来改善基础 DA 的性能。

本书假设融合注意力先验知识和对齐层级特征域的 DA 模型可以极大地增强其分割性能。AFD-DA 的架构如图 8-3(e)所示。与基础 DA 模型相比,AFD-DA 包括一个带有 CAM 提取器和主解码器的精细分割分支,一个特征编码器,两个辅助解码器,一个标签域判别器和一个层级特征域判别器。

8.2.2.1 先验知识驱动下的分割分支

在分割分支中,本书首先设计了一个 CAM 增强的编码器,用于将网络关注点聚焦于异常的肺部区域。如图 8-4 所示,该模型是用含有分类标签(是否含有新型冠状病毒)的源域数据预先训练了一个分类网络实现的。由于 CAM 可以突出显示与分类标签关联的图像区域,因此本书将源域中的阳性样本(带有感染的 CT 切片,即 IS)和阴性样本(没有感染的 CT 切片)用作训练。该分类网络由一个膨胀的 ResNet-34 编码器和一个 1×1 的卷积层组成。经过此预训练的网络称为 CAM 提取器φ(CAM extractor)。

由于 CAM 可能包含非感染区域,这将会对精细分割产生误引导,所以本书提出了一种基于在线 CAM 注意力的解码器,以改进基础 DA 中的解码器

g_{ad1} 和 g_{ad2}。受残差学习的启发,如果可以将 CAM 构造为软注意力图,则其模型的性能至少会优于没有注意力的解码器。

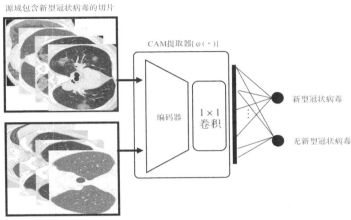

源域包含新型冠状病毒的切片

CAM提取器[$\varphi(\cdot)$]

编码器　1×1 卷积

新型冠状病毒

无新型冠状病毒

源域不包含新型冠状病毒的切片

图 8-4　关注于肺部异常区域的 CAM 提取器

本书使用 DeepLab V3＋的解码器部分作为主要解码器 g_{md},原有基础 DA 模型中两个解码器作为辅助解码器。根据软注意力思想,主要解码器 g_{md} 的输出 P_s^0 可以修改为

$$P_s^0 = (1+\sigma\{Up[\varphi(I_s)]\})g_{md}[f_{enc}(I_s)] \qquad (8-6)$$

式中:$\sigma(\cdot)$ 表示 Sigmoid 函数;$U_p(\cdot)$ 是双线性上采样函数,用于将 CAM 插值到输入大小的分辨率;$\sigma\{Up[\varphi(I_s)]\}$ 的范围是 $[0,1]$。

因此,将式(8-1)和式(8-6)组合后,最终的分段损失函数重写为

$$L_{seg} = E[\lambda_{seg}L_{ce}(P_s^0,Y_s) + L_{ce}(P_s^1,Y_s) + L_{ce}(P_s^2,Y_s)] \qquad (8-7)$$

式中:λ_{seg} 是权重因子,用于放大 g_{md} 对分割结果的影响。

8.2.2.2　层级特征域对齐

根据 Luo 等人研究表明,越小的 $Dis(P_t^1,P_t^2)$ 值表示越弱的域漂移,源域和目标域分布之间的重叠部分变大。这似乎在潜在空间中解决了域漂移问题。但是,由于神经网络的层级结构,从特定层中提取的特征在很大程度上依赖于其先前层的特征,反之亦然。因此,如果模型仅关注高级层潜在空间对齐,那么在低级特征中可能仍然存在域漂移问题。当存在域漂移的低层特征传播到更深的层以进行最终融合时,该问题可能会放大。

为了克服这个问题,并在深度监督(Deep Supervision)的启发下,本书提出了层级特征域对齐方法。如图 8-3(e)所示,该方法包括一个用于高级和低级知识编码的特征提取器 f_{enc} 以及一个层级特征域判别器 τ_f 来辅助标签域判别器。本模块从 f_{enc} 的前三个残差块中提取、汇总并融合这些特征,这些特征是层级特征域判别器 τ_f 的输入。给定 f_{enc},梯度可以从 τ_f 传到 f_{enc} 的层级特征中,进而严格对齐这些特征,具体形式化如下:

$$L_{adv\_fea} = E(\ln\{\tau_f[f_{enc}^1(I_s), f_{enc}^2(I_s), f_{enc}^3(I_s)]\}) +$$
$$E(\ln\{1-\tau_f[f_{enc}^1(I_t), f_{enc}^2(I_t), f_{enc}^3(I_t)]\}) \qquad (8-8)$$

式中:$f_{enc}^i(I_s)$ 表示特征提取器 f_{enc} 中第 i 个残差块的输出。

8.2.3　基于自矫正学习的伪标签优化算法

受 Li 等人研究的启发,为了充分利用源域数据并减少自矫正过程中伪标签噪声的影响,本书提出了一种双域增强的自矫正学习算法。因为 AFD-DA 模型已解决了域漂移问题,所以本算法的动机是可以将目标域与带标签的源域混合,以纠正由伪标签引起的噪声。如图 8-3 所示,该算法由 C 个训练迭代周期组成,其中每个迭代周期都有一个 AttSegNet 模型。如图 8-3(f)所示,AttSegNet 由 CAM 提取器 Ψ,特征提取器 f_{enc},CAM 增强的解码器 g_{md} 和两个辅助解码器 g_{ad1} 和 g_{ad2} 组成,其结构与 AFD-DA 中的生成器相同。自矫正学习算法聚合了所有阶段的模型权重并将更新优化后的伪标签继续传播到下一个迭代周期。自矫正学习算法的伪代码如算法 8-1 中所示。

算法 8-1　基于自矫正学习的伪标签优化算法

输入: $\hat{\omega}_0$:经过 DA 训练后初始化模型 AttSegNet 的权重;$\hat{y}_0^a$ 为用 $\hat{\omega}_0$ 权重的 AttSegNet 模型生成的初始伪标签;E_p 为每次迭代中的训练周期;C 为迭代总数;

输出: 优化后的:$\hat{\omega}_C$

1:使用 $D_S=(I_S,Y_S)$ 和 $D_T=(I_T,\hat{Y}_0^a)$ 构建训练集 $D_{training}$

2:**for** 每个 $c\in[1,C]$ **do**

3:　　**for** 每个 $e\in[1,E_p]$ **do**

4:　　　　更新学习率;

5:　　　　使用式(8-7)计算损失函数 L_{seg};

6:　　**end for**

7： 使用式(8-9)初始化 c+1 次迭代的初始权重 $\hat{\omega}_{C+1}$；

8： 用 $\hat{\omega}_C$ 权重的 AttSegNet 模型生成新的伪标签 $\hat{Y}_{C+1}$；

9： 用 $\hat{\omega}_C$ 权重的 AttSegNet 模型增强伪标签 $\hat{Y}_{C+1}^a$；

10：   使用式(8-10)进行伪标签调整；

11：   使用 $D_S=(I_S,Y_S)$ 和 $D_T=(I_T,\hat{Y}_{c+1}^a)$ 构建训练集 D_{training}

12：**end for**

8.2.3.1 自矫正学习算法

给定 C 个训练迭代周期和一组最优的分割模型 $S=\{\hat{\omega}_0,\hat{\omega}_1,\cdots,\hat{\omega}_C\}$，其中每个模型都是在一个训练迭代周期后得到，$\hat{\omega}_0$ 表示已经过 DA 训练后的 AFD-DA 模型中的分割器。在第 c 个迭代周期中，通过将模型 $\hat{\omega}_{c-1}$ 与 $\hat{\omega}_0$ 聚合，以生成该迭代周期的初始模型 $\hat{\omega}_c$。聚合操作表示如下：

$$\hat{\omega}_c=\frac{c}{c+1}\hat{\omega}_{c-1}+\frac{1}{c+1}\hat{\omega}_0 \qquad (8-9)$$

本书中，c 属于 $\{1,\cdots,C\}$，C 设置为 9。在自我学习并集成的过程中，模型逐渐接近于得到进一步优化。

8.2.3.2 伪标签聚合

在每个迭代训练周期中，本书都将具有真实标签的源数据和具有伪标签的目标数据混合作为分割模型的输入并在每个迭代周期训练结束时更新目标域的伪标签。为了进一步减少来自目标域伪标签中的错误引导，本书对目标域进行数据增强操作，其操作包括水平和垂直翻转，然后融合那些经过增强的伪标签，这样，伪标签的可靠性便得以提高。

为了便于描述，笔者使用 $Y^a=\{\hat{Y}_0^a,\hat{Y}_1^a,\cdots,\hat{Y}_C^a\}$ 表示每个迭代周期后所有经过数据增强的伪标签集合。因此，伪标签的模型聚合以及更新策略如下式所示：

$$\hat{Y}_c^a=\frac{c}{c+1}\hat{Y}_{c-1}^a+\frac{1}{c+1}\hat{Y}_0^a \qquad (8-10)$$

式中：$\hat{Y}_0^a$ 由初始模型 $\hat{\omega}_0$ 生成。

8.2.4 网络架构和损失函数

在本书提出的 DASC-Net 中，有三个网络需要优化：用于在线 CAM 生成的 CAM 提取器,用于域适应训练的 AFD-DA,以及在自矫正学习阶段用于伪标签优化和模型聚合的 AttSegNet。

8.2.4.1 网络结构

本书中的三个网络中的编码器的结构都与膨胀的 ResNet-34 相同,并使用 ImageNet 上预先训练的权重进行了初始化。标签域判别器 τ_m 由 5 个卷积层组成,每个卷积层具有 4×4 内核,通道数为 $\{64, 128, 256, 512, 1\}$,步幅为 2。其中前四层卷积层后尾随负斜率(Negative Slope)为 0.2 的 Leaky ReLU 层。最后一层是上采样层,用于将输出恢复为输入域的大小。层级特征域判别器 τ_f 的结构与 τ_m 大致相同,但 τ_f 没有最后一个上采样层,并且通道号设置为 $\{256, 128, 64, 64, 1\}$。

8.2.4.2 损失函数

本书使用交叉熵损失函数作为目标来训练 CAM 提取器:

$$\mathrm{CE} = -\frac{1}{N} \sum_{i=1}^{N} \sum_{m=1}^{M} p_i^m \ln \hat{p}_i^m \tag{8-11}$$

式中:$\hat{p}_i^m$ 表示带图像样本 i 属于类别 m(有无感染新型冠状病毒)的概率;p_i^m 表示所属真实类别;N 表示样本总数;而 M 表示切片的类别(有新型冠状病毒与无新型冠状病毒),即 $M=2$。

在对抗学习中,AFD-DA 的 G 与两个判别器 τ_m 和 τ_f 进行对抗训练。AFD-DA 的训练目标定义为

$$L_{\mathrm{da}} = L_{\mathrm{seg}} + \lambda_{\mathrm{weight}} L_{\mathrm{weight}} + \lambda_{\mathrm{adv\_seg}} L_{\mathrm{adv\_seg}} + \lambda_{\mathrm{adv\_fea}} L_{\mathrm{adv\_fea}} \tag{8-12}$$

式中:$\lambda_{\mathrm{weight}}$,$\lambda_{\mathrm{adv\_seg}}$,$\lambda_{\mathrm{adv\_fea}}$ 是平衡权重的因子,L_{seg} 由式(8-7)计算得到;L_{weight} 由式(8-4)计算得到;$L_{\mathrm{adv\_seg}}$ 和 $L_{\mathrm{adv\_fea}}$ 由式(8-3)和式(8-8)计算而得。

自矫正学习的伪标签优化算法中,AttSegNet 的权重是由 AFD-DA 的生成器来初始化,并使用源数据和目标域数据以最小化目标函数[见式(8-7)]来优化网络。

8.3 数据集和预处理

8.3.1 数据集

本书从三个不同的医院收集了新型冠状病毒 CT 数据集,以评估 DASC-

Net 的性能。

8.3.1.1　Coronacases Initiative and Radiopaedia(冠状病毒病例倡议和广播电台 CIR)

CIR 公开了 20 幅未带有手动分割标签的三维 CT 扫描影像。Ma 等人提供了由放射科医生手动分割的肺部和感染区金标准。在这些三维影像中,前 10 个扫描影像的横断位分辨率为 630×630,而剩余 10 个扫描影像的横断位分辨率为 512×512。总共包含有 3 520 个轴向二维 CT 切片,其中包括感染区标注的 1 844 个切片(阳性样本)和未被感染的 1 676 个切片(阴性样本)。

8.3.1.2　Italian Society of Medical and Interventional Radiology(意大利医学和介入放射学协会 ISMIR)

ISMIR[①] 提供了 60 个新型冠状患者的 100 张二维轴向 CT 图像。放射科医生对新型冠状感染区域进行了手动分割,其感染区域包括毛玻璃状的混浊区域(Ground-Glass Opacity,GGO),结节(Consolidation)和胸腔积液(Pleural Effusion)。该批数据图像分辨率为 512×512 像素,已经过灰度化预处理并保存为单个 NIFTI 文件。

8.3.1.3　MOSMEDDATA(莫斯科市医院数据)

莫斯科卫生保健部诊断与远程医疗技术研究与实践临床中心(Research and Practical Clinical Center for Diagnostics and Telemedicine Technologies of the Moscow Health Care Department)提供了 50 个三维 CT 扫描影像以及对应感染区域的注释。对于每个扫描,GGO 和 consolidation 的像素级标签均以非零值的形式记录。该数据总共包含 2 049 个二维轴向 CT 切片,其中包括 785 个新型冠状病毒阳性和 1 264 个新型冠状病毒阴性切片。值得注意的是,该数据切片中包含 GGO 和 consolidation 的面积少于总肺部面积的 25%。所有图像的横断位分辨率为 512×512。

在实验中,本书使用 CIR 数据作为源域,记为 COVID-19-S。IS-MIR 和 MOSMEDDATA 数据当作目标域,分别由 COVID-19-T1 和 COVID-19-T2 表示。

---

① http://medicalsegmentation.com/covid19/.

8.3.2　数据预处理和增强

预处理包括图像标准化和图像块生成。首先,通过大小为$[-1\,250,250]$亨氏单位(HU)值的窗口对所有 CT 图像进行归一化,然后通过最小-最大归一化方法(min-max Normalization)将其线性缩放为$[0,1]$。随后,通过定位肺区域并裁剪图像来过滤无关数据。由于 COVID-19-S 和 COVID-19-T1 中提供了手动分割的肺部标签,而 COVID-19-T2 并不含有肺部区域的标签,为了在 COVID-19-T2 中获得肺部区域,本书使用 COVID-19-S 训练了三维 U-Net[10],以得到具备粗略分割肺部区域的 3D U-Net。最后,通过该 3D U-Net 获取 COVID-19-T2 的肺部区域并裁剪图像来过滤无关数据。

数据增强方式转换包括在垂直和水平方向上的随机翻转、平移、缩放、剪切和旋转等仿射变换。最后,本书将感染的二维 CT 切片和相应分割标签下采样为 320×320 像素。

8.4　实验参数设定

DASC-Net 模型使用 PyTorch 库实现,并在 NVIDIA 2080Ti GPU 上进行了训练。损失函数中的超参数λ_{seg},λ_{weight},λ_{adv_seg},λ_{adv_fea}和λ_{dis}分别设置为 3,0.01,0.001,0.001 和 10。本书使用 Adam 优化器优化 DASC-Net,批大小为4。所有判别器的学习率设置为 1×10^{-4},其他网络的学习率设置为 2.5×10^{-4}。优化器的动态调整学习率使用了一种多项式调整策略,具体计算方式为初始学习率乘以 $\left(1 - \dfrac{\text{iter}}{\text{total\_iter}}\right)^{0.9}$。对于 AFD-DA,训练迭代次数设置为 $100 \times (\text{iter per epoch})$,即 100 个训练周期。对于 AttSegNet,本书将迭代周期总数 C 设置为 9,将每个训练周期数设置为 2。CAM 提取器的训练周期设置为 1。

8.5　模型评估指标与对比方法

本书使用包括灵敏度(SEN)、特异性(SPC)、雅卡尔指数(JA)、筛子系数(Dice)和豪氏道夫距离(HD)在内的评估指标来验证分割模型的性能。

为了证明 DASC-Net 的有效性,本书将其与几种分割模型进行比较。所有参与对比的模型可分为基于 U-Net 的医学图像分割模型、基于域适应的语义分割模型以及最新的针对新型冠状感染区域的分割模型。

（1）基于 U-Net 的模型：基于 U-Net 的模型广泛地用于医学图像分析。由于针对新型冠状病毒感染分割的已发表的论文很少，因此本书首先将 DASC-Net 与基于 U-Net 的最新模型进行了比较。所有基于 U-Net 的模型包含了 U-Net，U2-Net，U-Net＋＋以及 U-Net 3＋。U-Net 是在医学图像分割任务中使用最广泛的模型之一。该体系结构捕获了上下文特征，并利用跳跃连接对称结构进行精确定位。与 U-Net 相比，U2-Net[1] 利用 U 形残差块中大小不同的感受野，捕获来自不同尺度的上下文信息。U 形残差块只需花费少量的计算资源，但极大地提高了网络深度，并展示出令人满意的分割结果。U-Net＋＋[2]是一种嵌套体系结构，专为医学图像分割而设计，并且已针对多种任务进行了验证。利用跳跃连接和深度监督，Huang 等人提出了 U-Net 3＋[3]，该方法在肝脏分割方面显示出令人满意的结果。

（2）基于域适应的模型：本书还与最新基于域适应的分割模型进行比较，包括 AdaptSegNet，ADVENT。与所提出的 AFD-DA 模型不同，这些模型缺乏严格的层级特征域对齐。AdaptSegNet[4] 提出了一种对输出空间进行域适应的多级对抗算法。ADVENT[5] 充分利用了像素级预测的熵，为解决域漂移问题提供了一种替代解决方案。

（3）新型冠状病毒分割模型：由于新型冠状病毒分割工作较少，本书引入一种最新的半监督模型 Semi-Inf-Net 进行对比。该模型使用半监督方法来解决有限数据量下的训练问题。Semi-Inf-Net 模型仅在 COVID-19-T1 上进行了评估。

8.6　实　验　验　证

8.6.1　定量与定性实验

8.6.1.1　定量结果

本书在提出的 DASC-Net，未经自矫正训练的 DASC-Net（即 AFD-DA）

---

① https://github.com/NathanUA/U-2-Net.
② https://github.com/4uiiurz1/pytorch-nested-unet.
③ https://github.com/ZJUGiveLab/UNet-Version.
④ https://github.com/wasidennis/AdaptSegNet.
⑤ https://github.com/valeoai/ADVENT.

以及其他最新模型在 COVID-19-T1 上的评估结果如表 8-1 所示。AFD-DA 在所有评估指标(尤其是 HD,Dice 和 SEN)上均胜过其他最新模型。结果证明了 AFD-DA 在解决域漂移问题的有效性。基于自矫正学习的伪标签优化算法进一步提高了 AFD-DA 的性能,在 Dice 和 HD 指标上分别提高了 2% 和降低了 6.1%,在 SEN,SPC 和 JA 指标上分别提高了 2.32%,0.1% 和 2.45%。

表 8-1 DASC-Net 与其他最新方法在 COVID-19-T1 上的分割结果

方法	Dice/(%)	SEN/(%)	SPC/(%)	HD/(%)	JA/(%)
U-Net	70.30	71.83	98.27	80.80	55.72
U2-Net	69.58	77.16	97.26	87.82	55.03
U-Net++	67.46	75.67	96.73	89.63	52.69
U-Net 3+	69.60	78.00	97.09	91.52	54.84
AdaptSegNet	71.29	76.62	97.64	83.53	56.83
ADVENT	72.01	78.39	97.66	77.49	57.82
AFD-DA	74.33	80.92	97.72	71.41	60.52
DASC-Net	76.33	83.24	97.82	65.31	62.97

表 8-2 总结了在 COVID-19-T2 上的评估结果。实验证明,DASC-Net 取得了最佳分割性能,其次是 AFD-DA。此外,笔者还发现,所有模型在 COVID-19-T2 上的总体表现都比在 COVID-19-T1 上的差。这可能是由于 COVID-19-T2 和 COVID-19-S 中新型冠状感染区存在较大偏差导致的。例如,在 COVID-19-T2 样本中,GGO 和肺实质(Pulmonary Parenchymal)囊括的区域通常不到整个肺的 25%。但是,在源域中,少于 25% 的感染区域的样本较少。此外,另一个发现是新型冠状感染区域的比例越少,对分割结果的影响就越大。尽管如此,在感染区域比例较小的情况下,本书提出的模型仍优于其他所有方法。

表 8-2 DASC-Net 与其他最新方法在 COVID-19-T2 上的分割结果

方法	Dice/(%)	SEN/(%)	SPC/(%)	HD/(%)	JA/(%)
U-Net	51.95	61.99	99.76	95.09	39.56
U2-Net	56.91	66.52	99.76	71.55	44.12

续表

方法	Dice/(%)	SEN/(%)	SPC/(%)	HD/(%)	JA/(%)
U-Net++	54.00	73.88	99.58	95.72	40.41
U-Net 3+	55.46	73.80	99.61	78.58	42.18
AdaptSegNet	56.18	69.87	99.70	64.97	43.15
ADVENT	56.40	69.00	99.70	66.78	43.36
AFD-DA	59.04	75.17	99.74	74.14	45.42
DASC-Net	60.66	72.44	99.78	75.62	46.96

在与 Semi-Inf-Net 方法进行对比时,笔者发现 Fan 等人模型的实验结果仅使用了 50 个来自 COVID-19-T1 的样本。因此,本书也选择了 Semi-Inf-Net[1] 报告的 50 个相同切片,并重新计算了评估指标以进行公平比较。比较结果如表 8-3 所示。

表 8-3 DASC-Net 与 Semi-Inf-Net 在 50 张 COVID-19-T1
数据上的分割结果

方法	Dice/(%)	SEN/(%)	SPC/(%)
Semi-Inf-Net	76.4	79.7	96.3
DASC-Net	**77.0**	**81.2**	**98.0**

具体来说,DASC-Net 的 Dice 值达到了 77.0%,SEN 值达到了 81.2% 以及 SPC 值达到了 98.0%,分别比 Semi-Inf-Net 公布的结果高出 0.6%,1.5% 和 1.7%。此外,笔者还将 Semi-Inf-Net 公布的部分结果与 DASC-Net 分割的结果进行可视化,如图 8-5 所示,Semi-Inf-Net 的分割结果是从笔者的 GitHub 存储库下载的。图 8-5 中,错误的预测,即包含假阳和假阴,以红色显示,而正确的预测以绿色显示。模型的显著改善区域用橙色箭头标记。该可视化结果表明 DASC-Net 可提供具有更高置信度的分割结果。还应注意的是,Semi-Inf-Net 使用来自 COVID-19-T1 的剩余 50 个切片进行了训练。但是,DASC-Net 是使用源域数据进行训练的,无须对目标域的 50 个切片进行微调。与 Semi-Inf-Net 相比,本章提出的模型更适用于实际情况,尤其是

① https://github.com/DengPingFan/InfNet。

当训练和测试数据集来自不同医院时。

原图　　　　　Semi-Inf-Net　　　　DASC-Net

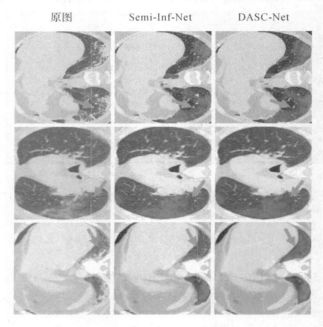

图 8-5　Semi-Inf-Net 与 DASC-Net 的三个分割结果比较

定量的实验表明：首先，与基于 U-Net 的模型相比，DASC-Net 大大缓解了域漂移问题，并在分割新型冠状病毒感染区方面取得了卓越的性能。其次，基于 DA 的模型的性能明显高于基于 U-Net 的模型，这说明解决域漂移问题是必要的。最后，DASC-Net 无须微调额外的数据便可优于最新的新型冠状病毒感染分割模型，这在标注数据有限的新型冠状病毒暴发早期阶段是具有非常重要的实用价值。

8.6.1.2　定性结果

如图 8-6 所示，无论待分割的新型冠状病毒感染区域多大，DASC-Net 的分割结果都最接近人工手动分割真实值。此外，还发现基于域适应模型的性能优于没有解决域漂移问题的基于 U-Net 的模型，这与定量结果相符。

8.6.2　消融研究

本书进行消融研究以评估 DASC-Net 中各个主要模块在 COVID-19-T1

数据集的贡献。首先评估了基准 DA 模型的性能,之后,逐渐将新提出的组件添加到基准模型中。实验结果如表 8-4 所示。

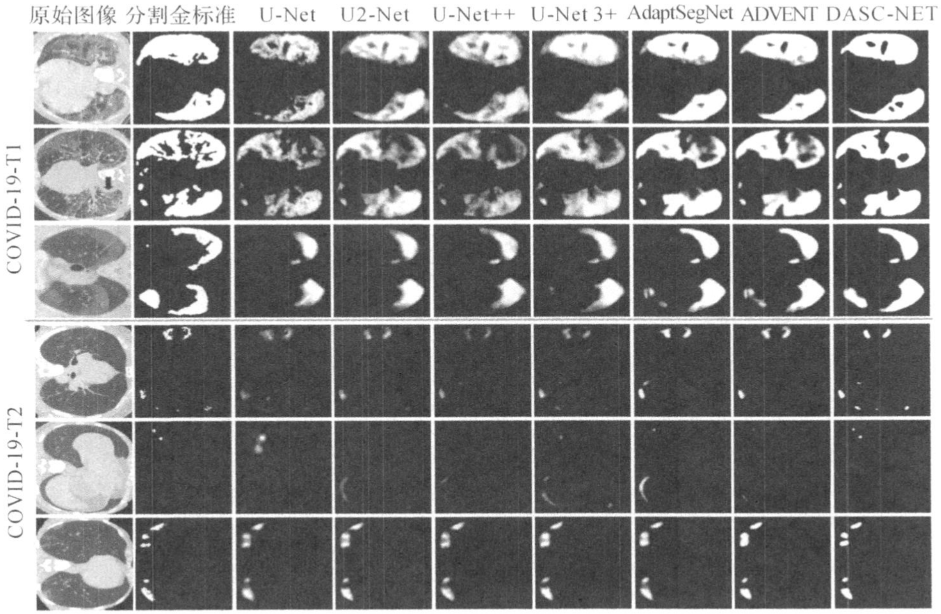

图 8-6　不同方法的分割结果可视化

表 8-4　DASC-Net 在 COVID-19-T1 数据上的消融实验结果

基础域适应	CAM 强化	特征域对齐	自矫正	Dice/(%)	SEN/(%)	SPC/(%)	JA/(%)
√				79.97	97.76	69.70	59.64
√	√			80.02	97.87	68.46	60.51
√		√		80.96	97.61	68.99	59.79
√	√	√		80.92	97.72	71.41	60.52
√	√	√	√	83.24	97.82	65.31	62.97

8.6.2.1　先验知识驱动下的分割分支和层级特征域对齐

基准 DA 模型的 Dice 值达到了 73.65%。将基于在线 CAM 注意力的分割分支添加到基准模型后,分割实验结果得到了改善。此外,新提出的层级特征域对齐方案也为提高实验结果做出了贡献,其中 Dice 值进一步提高到了 73.84%,SEN 和 HD 指标分别提高了 0.99% 和 0.71%。当同时采用基于在线 CAM 注意力的分割分支和层级特征域对齐模块时,Dice 值指标进一步提高到 74.33%。

该实验证实了笔者的假设,即尽管基础的 DA 模型在高阶潜在空间中解决了域漂移问题,但在低阶特征空间中仍然可能存在该问题。新提出层级特征域对齐模块使 DASC-Net 模型能够解决层级特征域漂移,进而提升模型的分割性能。

8.6.2.2 自矫正学习的有效性

基于自矫正学习的伪标签优化算法的有效性验证如表 8-4 所示,实验结果显示,提升最明显的是 HD,其次是 JA,Dice 和 SEN。

本实验还可视化了自矫正学习过程中不同迭代周期的分割结果。每个迭代周期的详细分割结果和相应的 Dice 值如图 8-7 所示。随着模型和伪标签的迭代聚合,分割 Dice 指标从第 1 个迭代周期的 75.25% 逐渐提升到最后一个周期的 76.33%。更重要的是,如图 8-7 橙色箭头所示,自矫正学习提升了较小或孤立的感染区域上的分割效果。

8.7　本章小结

本章针对医学影像的获取来源于不同医疗设备,不同数据之间存在域漂移的问题展开研究,提出了一种先验知识驱动下的域自适应和双域增强自矫正学习模式。从实践上,本章提出一种新颖的基于域适应的自矫正模型,并使用新型冠状感染区域分割进行验证算法有效性。该模型首先使用在线 CAM 注意力以迫使分割网络关注肺部异常区域,然后使用层级特征域判别器补充了标签域鉴别器,从而增强了层级特征域的对齐作用,最后,本章提出的基于双域增强的自矫正学习算法减轻了由伪标签噪声引起的误导性监督。本模型在跨医院的公开新型冠状病毒数据集上进行的大量验证,实验表明本章提出的模型优于最新的方法。

综上所述,本章针对医疗影像中域漂移的问题展开研究,其核心解决的问题是在跨域数据的前提条件下,尽量使用已标记的源域数据与未标记的目标域数据,构建具有高度泛化能力的深度学习算法。

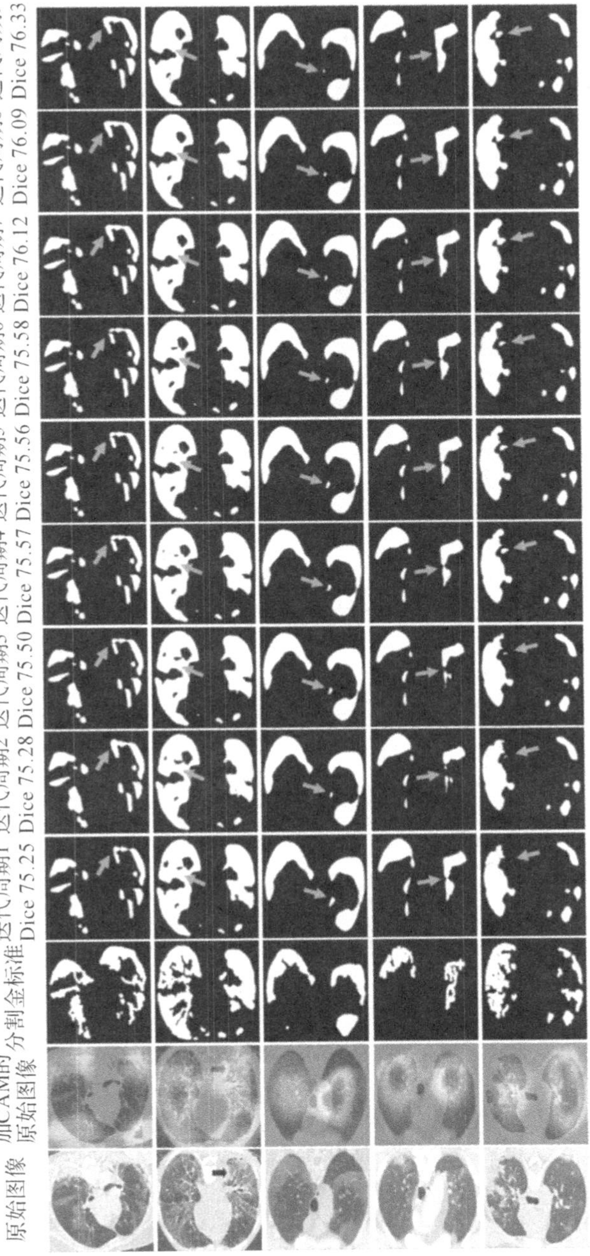

图 8-7　COVID-19-T1数据上9次迭代周期下的分割结果比较

该算法借鉴了第 3 章中级联知识传播思想与第 7 章中深度神经网络层级结构导致不确定性的思想,引入了先验知识,增强了分割效果,同时引入了层级特征域判别器,进而解决了深度神经网络层级结构带来的影响。因此,本章的研究缩小了深度学习域适应问题在理论与实践之间的差距,为解决医疗影像中域适应问题提供了一种全新的解决思路,具有重大的临床实践意义。

第9章 基于增强分割数据的合成算法研究

本章从数据增强的角度出发,对医学影像分割研究进行补充,从利用已有标注的数据生成大量多样性数据以增加可训练数据的角度入手,针对现有生成对抗网络在三维医疗影像应用过程中存在的问题与缺陷,提出全新的不规则三维影像合成算法来解决这些问题;对全新的合成算法进行详细的分析与论述,并通过利用数据增强方式对合成算法的有效性进行验证。

9.1 引　　言

随着计算方法、医疗设备和扫描仪的发展,使用各种三维医学图像处理技术来提高诸如早期诊断和个性化治疗计划等的精密医学治疗水平是非常有意义的。近年来,二维深度卷积神经网络利用大量标记的数据集来学习特征已在医学图像分割任务中取得了巨大的成功。但是,针对三维医疗影像分割任务的工作相对较少。其原因如下:首先,三维神经网络训练时间较长,对训练所需设备要求较高,尽管近年来计算机硬件发展迅速,对于科研界的学者来说,使用高性能设备训练三维模型还是相对困难。其次,许多研究工作使用二维神经网络替代三维神经网络去分割三维医疗影像,这种方法忽略了扫描断层的纵向空间信息。因此,针对三维的医疗影像提出高效的分割模型是非常有必要。

然而,用于分割分析的三维医疗影像获取极其困难。此外,三维医疗影像的标注工作也异常烦琐,这大大降低了放射学家在其他重要工作上的效率。因此,本书从合成用于分割分析的三维医疗影像角度提出一种解决数据稀缺的方案,辅助医学影像分割任务。考虑到癌症是全世界范围内导致死亡的主要原因之一,三维肿瘤/损伤数据量也非常之稀缺以及手动标注所有三维肿瘤数据非常耗时且费力,因此,本书出于辅助医疗影像分割目的,使用不规则三维CT肿瘤合成来定性验证提出生成算法的有效性,并将其运用于三维肿瘤分割算法,增强分割模型数据,以量化所提出算法的有效性。

最近,深度学习模型在自然图像的合成上取得了巨大的成功,尤其是生成对抗网络(GAN)的成功应用。对医疗影像来说,也出现了一些基于 GAN 方法的合成算法。大多数 GAN 由生成网络和判别网络组成,此架构用以捕获图像高级语义的特征并生成具有多样性的图像。生成的图像是全新的样本,其涵盖了各种比例、形状和位置,从而增加了数据多样性。

但是,当前用于自然图像处理的大多数生成对抗模型都不能满足临床需求,主要原因是医疗影像中肿瘤/损伤的类型多种多样,进而导致其在不同器官(例如肝、肺和肾)中的形状和大小差异巨大。对于传统的生成方法来说,由于图像是随机生成的,因此很难限制合成病变的外观和位置。为了解决这个问题,本书提出了三维不规则医疗影像肿瘤/损伤合成方法,以根据特定的要求(包括位置、形状和大小)合成影像。然而,不规则肿瘤合成是一项具有挑战性的任务。首先,由于所提供的待合成区域可能具有任意和不规则的形状与大小,增加了对合成数据真实性的要求。其次,训练三维模型的时间、硬件成本相对较高。这就是许多计算机医学图像处理采用二维模型而不是三维模型的原因。但是,在二维模型合成期间,纹理和空间信息可能会丢失。仅仅将二维图像的生成模型应用于三维医疗数据,就可能导致合成结果不具备空间连续性。因此,本书提出一种可自定义合成不同大小、位置以及形状的肿瘤合成模型,用以支持对各种病变的临床分析以及提升三维肿瘤分割模型的性能。不规则三维肿瘤合成过程如图 9-1 所示,专家可在健康器官中绘制不规则的区域,合成模型将融合用户绘制的不规则区域,在该区域中生成肿瘤。

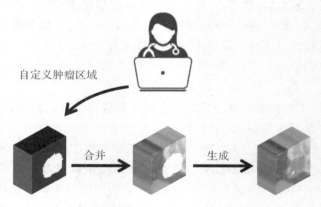

图 9-1 不规则三维肿瘤合成过程示意图

　　这项工作旨在填补图像合成技术与 3D CT 肿瘤生成之间的空白,可以为用于分割的医疗影像数据稀缺问题提供解决方案。本书提出了一个不规则影像合成模型,该模型基于更丰富特征的生成对抗网络(FRGAN),使用三维肝脏肿瘤、肾脏肿瘤以及肺结节验证了合成算法的有效性。本章的研究贡献总结如下:

　　(1)本书将不规则三维肿瘤合成建模为不规则三维肿瘤修补任务,通过使用三维门控卷积,本书实现了辅助诸如外科医师或临床医生之类的用户生成具有特定形状、位置和大小的肿瘤。定性的合成实验与定量的分割实验证明了合成的肿瘤与真实肿瘤具有高度相似性。

　　(2)为了解决合成过程中肿瘤与周围组织之间边界不确定的问题,本书提出了一种全新的基于更丰富卷积特征的膨胀门控生成网络。该生成网络由膨胀门控编码器和更丰富卷积特征的解码器组成,其中,膨胀门控编码器用于扩大感受野,更丰富卷积特征的解码器用于恢复肿瘤合成中的多尺度特征。

　　(3)为了恢复上下文和纹理信息并增强合成效果,本书提出了混合损失函数以惩罚感知损失、样式损失和多层遮罩损失。该混合损失函数包括大部分用于医学图像合成任务的损失函数。

9.2　基于更丰富特征的生成对抗网络

　　本书将不规则肿瘤合成任务表述为图像修复问题。所提出的 FRGAN 架构如图 9-2 所示。合成过程表述如下:用户勾勒出待合成的肿瘤遮罩[见图 9-2(a)],将该遮罩与带有正常器官的医学图像融合。然后将融合后的图像送入到更丰富卷积特征的膨胀门控生成网络(RicherDG)[见图 9-2(b)]中,进行肿瘤合成。图 9-2(c)表示的是生成模型训练过程中所有损失函数。RicherDG 的详细结构如图 9-3(a)所示,图 9-3(b)(c)中分别展示了门控卷积运算(Gated Convolution operations,GConv)和更丰富卷积特征关联分支(Richer Convolutional feature Association Branch,Richer-Conv-Branch)。本书提出的算法基于 GAN,具有三个主要组成部分,包括一个膨胀门控生成网络、一个更丰富卷积特征关联分支以及混合损失函数。膨胀门控生成网络的目的是实现不规则肿瘤的修复,更丰富卷积特征关联分支用以增强合成肿瘤边界的真实性,混合损失函数融合局部和全局、内容和纹理信息。本书模型的训练过程旨在最小化混合损失函数。

9.2.1　基础生成对抗模型

给定一个三维图像 $y \in \mathbf{R}^{X \times Y \times Z}$,其中 X,Y 和 Z 表示图像宽度(x 轴)、高度(y 轴)和深度(z 轴),用户特定带有肿瘤的遮罩表示为 $x \in [0,1]^{X \times Y \times Z}$,其中病变区域用 1 表示。GAN 由一个生成网络(G)和一个判别网络(D)组成,其中 $G: x \in [0,1]^{X \times Y \times Z} \to \hat{y} \in \mathbf{R}^{X \times Y \times Z}$,该映射表示为将具有带有遮罩的图像块 x 作为输入,合成一个具有"真实"肿瘤的图像块作为输出。生成器 G 捕获了训练数据中的数据分布并从中合成肿瘤。在训练过程中,G 的性能由判别器 D 进行评估,该判别器旨在辨别生成器生成结果的真假性。辨别器 D 的输出概率图代表了合成数据分布与原始数据分布之间的差异。总体来说,D 和 G 在训练中达到纳什平衡(Nash Equilibrium),形式化过程如下式所示:

$$\underset{G}{\arg\min}\,\underset{D}{\arg\max}\,L_{\text{adv}}(G,D) \tag{9-1}$$

在此训练过程中:G 的目标是生成"真实"的肿瘤来欺骗 D;同时,辨别器 D 的目标是区分真实肿瘤图像和生成器 G 生成的肿瘤图像。

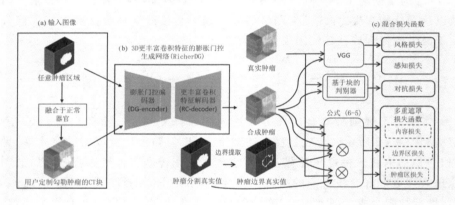

图 9 - 2　基于更丰富特征的生成对抗网络模型示意图

9.2.2　三维更丰富卷积特征的膨胀门控生成网络

为了实现不规则肿瘤合成,本书设计了一种三维更丰富卷积特征的膨胀门控生成网络(RicherDG),其包含膨胀门控的编码器(DG-encoder)和更丰富卷积特征的解码器(RC-decoder)。RicherDG 的结构如图 9 - 3(a)所示,DG-encoder 和 RC-decoder 通过远程跳跃连接传播上下文信息。DG-encoder 提取像素级别和实例级别特征,并利用膨胀卷积扩大了感受野。RC-decoder 利用多尺度特征,以重建"真实"的肿瘤内部和肿瘤边界处的纹理。

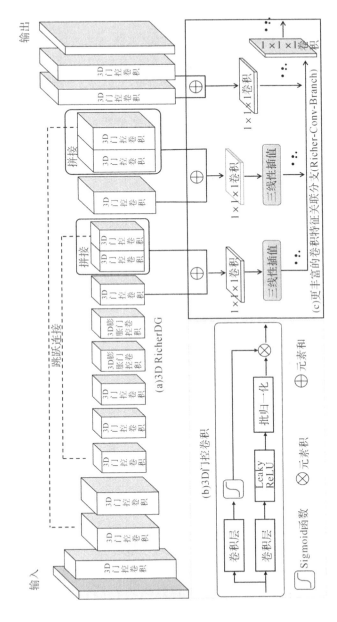

图 9-3　更丰富卷积特征的膨胀门控生成网络(RicherDG)

9.2.2.1　膨胀门控的编码器

DG-encoder 由一系列的三维门控卷积层和三维膨胀门控卷积层组成。

（1）三维门控卷积层：由于常规卷积层不适合不规则的图像修补，所以，本书使用三维门控卷积层取代常规卷积层。这是因为对于肿瘤合成任务来说，肿瘤背景区域的无效体素与前景区域中的有效体素将堆叠在一起，同时作为神经网络的输入。如果使用常规的卷积层，那么这些混合的特征可能会导致在推断过程中出现伪像，例如颜色差异、模糊性和明显的边缘反应。如图 9-3(b) 所示，本书提出了三维门控卷积来解决这个问题。给定输入特征 X，Y，Z，门控卷积 W_{gt} 和常规卷积 W_{nc}，门控卷积可以表示为

$$\left. \begin{array}{l} \text{Gate}_{X,Y,Z} = \Sigma\Sigma \, w_{gt} \, I_{X,Y,Z} \\ \text{Feature}_{X,Y,Z} = \Sigma\Sigma \, w_{nc} \, I_{X,Y,Z} \\ \text{Out}_{X,Y,Z} = \sigma(\text{Gate}_{X,Y,Z}) f(\text{Feature}_{X,Y,Z}) \end{array} \right\} \quad (9-2)$$

式中：σ 是 Sigmoid 函数，用于将输出压缩到 0～1 之间，而 f 表示激活函数。

（2）三维膨胀门控卷积层：膨胀卷积的使用是为了扩大神经网络的感受野。DG-encoder 中一共有两层门控卷积加入了膨胀卷积，膨胀因子分别为 2 和 4。因此，可以通过膨胀卷积提取更多有效信息。

9.2.2.2　更丰富卷积特征的解码器

如图 9-3(a)所示，RC-decoder 由三维膨胀门控卷积、三维门控卷积和更丰富的卷积特征关联分支（Richer-Conv-Branch）组成。本书提出了 Richer-Conv-Branch 来扩大感知区并从低级和对象级特征图中逐像素进行合成。更丰富的卷积特征由最开始由 Liu 等人提出，该研究提出更丰富的卷积，用于扩大网络的感受野，从而进行多尺度边缘检测。

RC-decoder 中每组三维门控卷积由两个门控卷积层组成。Richer-Conv-Branch 由 $1 \times 1 \times 1$ 卷积层和线性插值层构成，以融合三维门控卷积层的输出和相关多尺度边界特征的输出。对于解码器中前两组卷积块，每个三维门控卷积层的输出求和之后送入 $1 \times 1 \times 1$ 常规卷积层融合。然后，使用三线性插值对特征图进行上采样至肿瘤块大小。对于解码器中的最后一个卷积块，三维门控卷积层的输出求和之后送入 $1 \times 1 \times 1$ 常规卷积层融合。由于最后一个卷积块输出特征图大小已符合最终合成肿瘤块的大小，所以不再进行三线性插值。最后，将三组卷积的输出拼接在一起，并送入 $1 \times 1 \times 1$ 卷积层以融合特征图。

9.2.3　基于块的判别器

本书在模型中使用基于块的判别器(Patch-based Discriminator)记作 D，以捕获多尺度的全局和局部特征，最终降低合成肿瘤的模糊程度。与 GAN 中常用的判别器不同，基于块的鉴别器从输入的块中随机选择 $N \times N \times N$ 个小块，并将所选小块分类为"真实"或"伪造"。

判别器由四个部分组成，每个部分中都有一个卷积层，一个 Leaky ReLU 层和批归一化层。判别器的输出表示了该合成肿瘤来自真实肿瘤的概率。判别器和生成器的对抗损失函数(Ladv)定义如下：

$$L_{\text{adv}} = \operatorname*{argmin}_{G} \operatorname*{argmax}_{D} (E_{x,y}[\ln D(x,y)] + E_x(\ln\{1 - D[x, G(X)]\}))$$

$$(9-3)$$

在本书中中，采用二元交叉熵损失作为目标函数，用于判断输入肿瘤的真实性。

9.2.4　混合损失函数

除了对抗损失函数外，本书还提出了多重遮罩损失(Multi-Mask Loss，L_{mm})，引入了风格损失(Style Loss，L_{sty})和感知损失(Perceptual Loss，L_{percep})以捕获肿瘤/病变区域的分布。上述损失函数用于辅助对抗学习，其形式化如下：

$$L_{\text{GAN}} = L_{\text{adv}} + \lambda L_{\text{mm}} + \delta L_{\text{percep}} + \eta L_{\text{sty}} \qquad (9-4)$$

式中：λ，δ 和 η 是平衡不同损失的权重。

9.2.4.1　多重遮罩损失函数

多重遮罩损失函数(Multi-Mask Loss，L_{mm})由内容损失(Content-Wise Loss，L_{cw})、肿瘤区损失(Synthetic Tumor Loss，L_{st})和边界区损失(Boundary Loss，L_{sb})组成。L_{mm} 如下式所示：

$$L_{\text{mm}} = \alpha L_{\text{cw}} + \beta L_{\text{st}} + \gamma L_{\text{sb}} \qquad (9-5)$$

式中：α，β 和 γ 是平衡各个权重的因子；L_{cw}，L_{sb}，L_{st} 分别融合了肿瘤块的整体外观，肿瘤与周围组织之间的边界以及合成肿瘤内的特征。

给定待合成肿瘤图像块，令 M_{st} 表示为具有肿瘤区域的二值化遮罩，其中待合成肿瘤区域的值为 1，其余为 0。那么，带肿瘤边界部分的二值化遮罩(M_{sb})可使用带有高斯滤波的反转二值腐蚀得到(Inverted Binary Erosion with Gaus-Sian Filtering)。M_{sb} 即表示为 M_{st} 的边界区域。由此可得,内容损失 L_{cw} 的计算方式为 $E_{x,y}[|y-G(x)|]$。L_{st} 的计算方式为 $E_{x,y}[M_{st}|y-G(x)|]$。由于 RC-decoder 中的 Richer-Conv-Branch 用于提取肿瘤边界更丰富的多尺度卷积特征,所以 L_{sb} 的定义为

$$L_{sb} = \sum_{s=1}^{S} E_{x,y}[M_{sb} \mid y-\varphi_s \mid] \tag{9-6}$$

式中:φ_s 表示 RC-decoder 的第 s 个输出,如图 9-3(c)所示;s 属于 $\{1,\cdots,S\}$,S 表示 Richer-Conv-Branch 的输出编号,本书将 S 设置为 4。

9.2.4.2　感知损失函数

由于多重遮罩损失函数可能无法保证感知质量,因此本书引入了感知损失。此外,另一个目的是减轻重建过程中可能出现在肿瘤边界周围的模糊感。感知损失函数通过最小化生成肿瘤与真实肿瘤之间的差异,如下式所示:

$$L_{percep} = \sum_{d \in \{1,\cdots,Z\}, p \in \{1,\cdots,P\}} \frac{1}{X_d Y_d} \parallel \varphi^{(p)}(y_d) - \varphi^{(p)}(\hat{y}_d) \parallel_1 \tag{9-7}$$

式中:$\varphi^{(p)}$ 表示从预训练的 VGG 网络中第 p 层激活函数输出,P 是预训练网络的层数。本书提取了 ReLU_{2_2},ReLU_{3_3} 和 ReLU_{4_3} 层的输出来计算感知损失。

9.2.4.3　风格损失函数

本书还引入风格损失函数,通过将 y 的风格迁移到 $\hat{y}$ 中,达到实现最小化两者之间的偏差目的。风格损失函数是通过两个目标的格拉姆矩阵(Gram Matrices)之间的差来计算的,其形式化表示如下:

$$\left.\begin{aligned} G_d^{(p)}(y_d) &= [\varphi^{(p)}(y_d)]^{\text{T}}[\varphi^{(p)}(y_d)] \\ L_{sty} &= \sum_{d \in \{1,\cdots,Z\}, p \in \{1,\cdots,P\}} \frac{1}{p^2 X_d Y_d} \parallel G_d^{(p)}(y_d) - G_d^{(p)}(\hat{y}_d) \parallel \end{aligned}\right\} \tag{9-8}$$

式中:$G_d^{(p)}(y_d)$ 表示第 p 层输出的格拉姆矩阵;d 表示第 d 个输入待合成肿瘤切片。

9.2.5　实验验证方法

正如 Yu 等人指出,在自然图像中评估一个生成模型的好坏是极其不容易的,这也是医学图像中具有挑战性的任务。因此,本书从出于辅助医学影像分割的目的对合成模型进行间接评估。受 Zhao 等人的研究启发,使用通过

训练合成肿瘤数据进行训练并在真实数据上分割的方法,评估合成模型的性能。

该评估方法的假设是,如果一个分割模型,经过真实肿瘤和合成肿瘤组成的数据集上进行训练之后的性能比它在真实肿瘤的数据集上训练之后的性能更优,那么可以得出合成肿瘤是具有真实性的,这样的肿瘤有助于解决数据不足的问题。由于不同深度学习模型性能在相同的数据上也会有偏差,因此本书使用多种最新分割模型进行间接验证所提出的生成模型性能,其分割模型包括 U-Net,Attention U-Net(AU-Net),Med3D 与 U2-Net。假设模型 A 和模型 B 分别生成了一批合成数据,笔者分别将这批数据与真实的肿瘤混合,用于分别训练同一种分割模型,如果使用了模型 A 生成数据的分割模型性能优于使用了模型 B 生成数据的分割模型性能,那么可以得出的结论是,模型 A 优于模型 B。

本书将数据分为训练集(60％真实肿瘤)、验证集(20％真实肿瘤)和测试集(20％真实肿瘤)。对于每一个待评估的生成模型,本书使用 60％真实肿瘤与由生成模型合成的 20％合成肿瘤训练分割模型。最后在测试集(20％的真实肿瘤)上评估分割模型。评估指标包括骰子系数(Dice,DSC)、雅卡尔系数(Jaccard)、体素重叠误差(Volume Overlap Error,VOE)、体素相对误差(Relative Volume Difference,RVD)和豪氏道夫距离(Hausdorff Distance,HD)。

9.3　数据集与预处理

9.3.1　数据集介绍

本书使用了三个公共的 CT 数据集(包括肝脏、肾脏肿瘤和肺结节)对合成模型进行了全面评估。

9.3.1.1　肝脏肿瘤分割挑战赛数据集

肝脏肿瘤分割挑战(Liver Tumor Segmentation Challenge,LiTS)数据集提供了 130 个具有分割金标准的 3D CT 扫描影像,这些扫描影像来自不同的医院。所有 CT 图像的横断位分辨率均为 512×512,患者扫描切片的厚度各不相同。在所有 130 例 CT 扫描影像中,共有 116 例包含肿瘤。在本书中,一共使用了 116 个扫描影像用于训练与测试。

9.3.1.2　肾脏肿瘤分割挑战数据集

肾脏肿瘤分割挑战（Kidney Tumor Segmentation Challenge，KiTS）数据集包含 300 个 3D CT 扫描影像，其中 210 个扫描是具有肾脏肿瘤分割标签的。所有 CT 图像的横断位分辨率均为 512×512。在本书中，一共使用了 210 个扫描影像来进行模型训练和测试。

9.3.1.3　肺结节分析挑战数据集

2016 年肺结节分析（Lung Nodule Analysis 2016，LUNA）挑战数据集包含 888 位患者带有标注的数据。每个 CT 影像横断位分辨率均为 512×512，且都带有一个肺结节分割标签的 XML 文件。该肺结节分割标签由一系列坐标组成，其中包含病变的中心和病变的直径。与其他两个数据集不同，由于肺结节的标签并不是像素级别的，因此用户特定的损伤生成方式也与其他数据集不同。这一点将在下面实验部分详细描述。

9.3.2　数据预处理

KiTS，LiTS 和 LUNA 中原始 CT 图像的亨氏单位（Hounsfield Unit，HU）在[−1 000,1 000]范围内。为了粗略地删除不相关的组织和器官，本书首先使用[200,300]，[100,200]和[1 000,600]大小的 HU 窗口分别对 KiTS，LiTS 和 LUNA 进行预处理。然后，对每个切片进行零均值归一化，归一化后的切片的图像强度值线性缩放到[0,1]。最后，本书采用三维连通区域标记的方法移除包含非常有限上下文信息的小肿瘤。根据经验，本书分别在 KiTS，LiTS 和 LUNA 上剔除了少于 100,200,400 体素的小肿瘤。

在经过上述预处理之后，三维肿瘤图像块 y 就通过裁剪每个 CT 图像中心区域并向外扩张 20 像素而得。用于网络训练和验证的包含特定遮罩的图像 x 便从 y 中用 1 填充肿瘤区域得到。最后，将所有图像块重新采样为固定大小 64×64×64，并在矢状面、冠状面以及横断位方向上随机翻转和旋转 0°/90°/180°/270°。所有的数据划分为 60% 进行训练，20% 进行验证和 20% 进行测试。从 KiTS/LiTS/LUNA 中一共提取了 1 356/2 344/2 748 个肿瘤样本，其中训练数据集由前 126/69/315 个 CT 扫描中提取的 792/1 580/1 650 个图像块组成，验证数据集由 42/23/105 个 CT 扫描中提取的 258/168/549 个图像块组成，测试集由剩余的 42/24/106 个 CT 扫描组成。

9.4　实验参数设定

FRGAN 模型是使用 PyTorch 实现,在四块 NVIDIA 1080Ti GPU 上进行了训练和测试。所有模型都用 Adam 优化器进行优化,优化器的初始学习率为 0.000 1。对于损失函数中的超参数,本书分别将 $\alpha,\beta,\gamma,\lambda,\delta$ 和 η 设置为 $1,10,1,1,1$ 和 100。δ 和 η 的设置与 Yu 等人的相同,其他参数的设置主要是为了平衡训练阶段不同损失的权重。在训练期间,γ 在前 30 个训练时期从 0 线性增加到 1,随后保持为 1,直到结束训练。对于所有参与比较的合成模型,本书均对其进行了 100 个周期的训练。训练模型的批大小为 4。

9.5　实　验　验　证

9.5.1　不规则肿瘤合成样例

如图 9-4 所示,本书设计了 6 个不规则肿瘤遮罩作为 FRGAN 的输入,并在 LiTS 和 KiTS 器官中的随机位置进行合成测试。由于 FRGAN 支持不规则形状的肿瘤合成,笔者可以将待合成的肿瘤设定为任意手动勾勒的形状,以增加数据的多样性。由图可知,合成的肿瘤保留了纹理和颜色特征,经过 FRGAN 合成的肿瘤很自然地融合到了 CT 图像中。

对于肺结节 CT 图像,由于肺结节的标签是一系列的中心坐标和直径,因此,病变内的体素不能被非常精确地提取。另外,如图 9-5(a)所示,当肺结节周围没有其他组织或者器官时,如果只通过给出中心坐标和直径去制作训练集,那么图中深色的非结节背景区域将被视为前景包含在训练集中。因此,生成模型合成的肺结节会比真实肺结节标签区域要小,如图 9-5(a)所示。因此,由于 LUNA 数据的特殊性,本次实验在 20% 的 LUNA 测试集上合成肿瘤,并选择了 6 个具有不同大小和形状肺结节样例展示[见图 9-5(b)]。实验结果表明,当肺结节附近有信息丰富的组织时,FRGAN 能够有效地合成病变区域。

总而言之,实验结果表明,FRGAN 仍可以在不同位置上,生成高度"真实"的包含各种外观和纹理的不规则肿瘤。

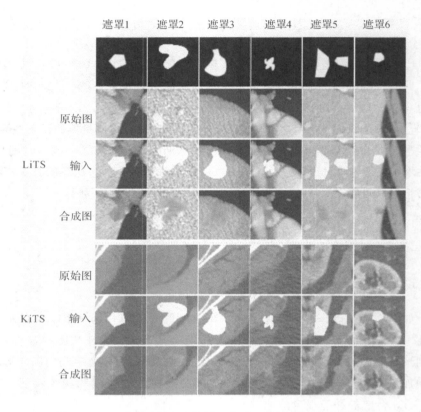

图 9-4　LiTS 和 KiTS 中使用 6 个手工设计遮罩生成的肿瘤

9.5.2　定量分析

9.5.2.1　不同生成模型之间比较

为了评估合成的图像在肿瘤分割中的作用,本书首先训练了基准 U-Net,AU-Net,Med3D 和 U2-Net 模型。为了公平地进行比较,所有模型都使用 Adam 优化器训练了 50 个周期。优化器的动态调整学习率使用了一种多项式调整策略,具体计算方式为初始学习率 0.000 1 乘以 $\left(1-\dfrac{iter}{total\ iter}\right)^{0.9}$。

所有分割模型收敛后的权重用于测试。真实肿瘤的数据集划分为 60% 训练集,20% 验证集和 20% 测试集。基准模型使用 60% 的真实数据进行训

练,并在 20％的测试数据上验证模型表现。在 20％测试数据上的分割效果如
表 9－1 所示。每个基准模型在 LUNA 上取得了最差的性能,其中 Dice,
Jaccard 和 VOE 分别为 0.711/0.713/0.696/0.711,0.573/0.575/0.558/
0.572 和 0.428/0.425/0.442/0.428。所有基准模型在 KiTS 中表现最好,
Dice,Jaccard 和 VOE 分别为 0.840/0.864/0.818/0.847,0.737/0.771/
0.705/0.748 和 0.263/0.229/0.295/0.252。

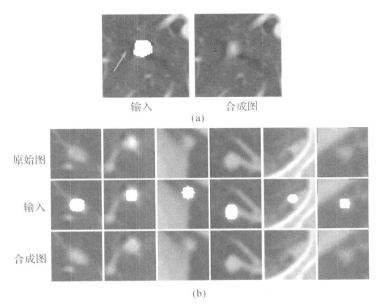

图 9－5 LUNA 数据集上合成肺结节效果
(a)周围无有效信息的合成案例; (b)LUNA 测试集上合成案例

验证生成模型性能的方法如前所述,本书使用 60％真实训练集和从 20％
验证集中合成的肿瘤数据训练 U-Net/AU-Net/Med3D/U2-Net 分割模型并
比较分割模型性能以间接评估合成模型的性能。本书将所提出的 FRGAN
模型与两个最新的生成模型进行了比较。Jin 等人提出的模型是一个 cGAN
模型,用于生成不同大小的三维肺结节。Abhishek 等人提出的基于 pix2pix
的 Mask2Lesion 生成模型,其最初目的是用于皮肤病变的合成。

如表 9－1 所示,Real 表示了只用 60％真实的肿瘤训练的 U-Net/AU-
Net/Med3D/U2-Net。真实＋synthesis 代表了使用 60％真实的肿瘤和 20％
合成的肿瘤训练的 U-Net/AU-Net/Med3D/U2-Net。实验表明,当三个数据

集都额外使用合成的肿瘤作为训练集时,Dice,Jaccard,VOE,RVD 和 HD 都有了不同程度的改善。具体来说,与 cGAN 和 Mask2Lesion 相比,在 LiTS 和 KiTS 上,由 FRGAN 方法生成的肿瘤去训练 AU-Net/U2-Net 得到了最佳的分割性能。对于 LiTS,U2-Net 通过使用 FRGAN 生成的肿瘤作为训练集获得了最佳的分割效果,其性能领先第二名的 Dice/Jaccard 值1.1%/1.1%。对于 LUNA,所有加了合成肿瘤进行训练的模型性能优于相应的基准模型。U-Net 在 KiTS 数据集上体现出了最显著的提升,它将 Dice/Jaccard 提升了1.8%/2.6%,将 VOE 降低了 2.6%。

总体而言,U2-Net 通过使用 FRGAN 合成的肿瘤,在所有模型中均取得了最优秀的表现。该定量评估实验证明了本书提出的 FRGAN 在合成关键病理信息方面的卓越能力,其合成的肿瘤具有高度真实性,从而提升了后续分割网络的模型性能。

9.5.2.2 不同数量的合成数据影响

为了进一步探索不同数量的合成数据对实验结果的影响。本书比较了 U-Net 在 60%真实数据和 20%验证数据(20%验证数据中包括 M%合成肿瘤和 N%真实肿瘤)上的分割效果。本实验所得 Jaccard 分数如表 9-2 所示,其中 M%合成+N%真实表示 M%的验证数据是由 FRGAN 生成的,剩下的 N%的验证数据是真实肿瘤。值得注意的是,0% Syn+0% Real 只包含了 60%真实数据。如表 9-2 所示,与仅使用 60%真实数据训练的基准模型相比,使用额外 20%验证数据训练的模型都提升了 Jaccard 指标。当添加了 20%真实肿瘤数据时,网络的分割性能 Jaccard 指标在 LiTS/LUNA/KiTS 上提高了 0.5%/1.3%/2.6%。随着逐渐改变合成数据的不同比例,分割模型在 LiTS 和 KiTS 数据集上的性能受到轻微干扰,但仍然保持基本稳定。此现象表明合成的肿瘤数据包含的病理信息是极其"真实"的。此外,笔者还发现,与使用 100%真实数据相比,LUNA 的性能随着合成数据比例的增加而持续下降。如前所述,由于 LUNA 数据的病变标签是病变中心坐标和直径,因此合成区域可能包含非病变区域,这会给高精准度要求的病变分割带来伪影。因此合成病变的比例越大,性能下降的可能性越高。

总而言之,FRGAN 提供了一种数据增强形式,使得分割模型使用更少的真实数据即可达到临床可用的性能水平。

表 9-1　不同合成模型性能比较

数据集	训练数据构成	LiTS					LUNA					KiTS				
		Dice	Jaccard	VOE	RVD	HD	Dice	Jaccard	VOE	RVD	HD	Dice	Jaccard	VOE	RVD	HD
U-Net	真实	0.725	0.594	0.406	0.468	1.899	0.711	0.573	0.427	0.337	1.458	0.840	0.737	0.263	-0.028	2.661
	真实+Mask2Lesion	0.728	0.597	0.403	0.692	1.886	0.716	0.577	0.423	0.548	1.451	0.855	0.759	0.241	-0.011	2.555
	真实+cGAN	0.726	0.595	0.405	0.495	1.891	0.719	0.580	0.420	1.247	1.448	0.853	0.756	0.244	-0.019	2.570
	真实+FRGAN	0.730	0.599	0.404	0.398	1.895	0.716	0.577	0.423	0.334	1.442	0.858	0.763	0.237	-0.003	2.529
AU-Net	真实	0.717	0.588	0.412	3.935	1.888	0.713	0.575	0.425	0.446	1.445	0.864	0.771	0.229	-0.009	2.521
	真实+Mask2Lesion	0.720	0.591	0.409	0.744	1.877	0.712	0.574	0.426	2.336	1.446	0.865	0.773	0.227	-0.002	2.520
	真实+cGAN	0.723	0.594	0.406	0.749	1.882	0.712	0.573	0.427	0.675	1.448	0.862	0.770	0.230	0.004	2.522
	真实+FRGAN	0.725	0.596	0.404	0.542	1.876	0.716	0.577	0.423	0.447	1.435	0.869	0.779	0.221	-0.011	2.508
Med3D	真实	0.710	0.573	0.427	0.410	2.013	0.696	0.558	0.442	0.370	1.551	0.818	0.705	0.295	-0.043	2.802
	真实+Mask2Lesion	0.711	0.574	0.426	0.362	2.004	0.705	0.567	0.433	0.350	1.533	0.825	0.715	0.285	-0.033	2.760
	真实+cGAN	0.712	0.575	0.425	0.350	2.005	0.703	0.566	0.434	0.479	1.533	0.827	0.717	0.283	-0.030	2.751
	真实+FRGAN	0.714	0.577	0.423	0.309	2.014	0.703	0.566	0.434	0.521	1.528	0.827	0.717	0.283	-0.034	2.753
U2-Net	真实	0.736	0.605	0.395	0.285	1.885	0.711	0.572	0.428	0.178	1.501	0.847	0.748	0.252	-0.015	2.595
	真实+Mask2Lesion	0.733	0.603	0.397	0.401	1.862	0.716	0.576	0.424	0.194	1.479	0.851	0.755	0.245	-0.014	2.556
	真实+cGAN	0.737	0.607	0.393	0.284	1.880	0.712	0.572	0.428	0.953	1.483	0.850	0.752	0.248	-0.005	2.564
	真实+FRGAN	0.748	0.618	0.382	1.310	1.852	0.719	0.579	0.422	0.160	1.470	0.858	0.762	0.238	-0.009	2.519

表 9-2 不同数量的合成数据给分割模型带来的影响

数据集	0%合成 +0%真实	0%合成 +100%真实	25%合成 +75%真实	50%合成 +50%真实	75%合成 +25%真实	100%合成 +0%真实
LiTS	0.594	0.599	0.596	0.597	0.598	0.599
LUNA	0.573	0.586	0.584	0.579	0.581	0.577
KiTS	0.737	0.763	0.758	0.761	0.759	0.763

9.5.3 定性分析

FRGAN 和其他两个模型在测试集上生成的肿瘤的图像如图 9-6 所示。由 FRGAN 生成的肿瘤与损伤区域更接近真实水平。相比之下,由其他两种方法生成的肿瘤外观模糊且光滑,没有丰富的纹理特征。对于 LUNA 数据集上的合成结果,尽管表 9-1 中显示的定量评估表现良好,但视觉差异并不明显。

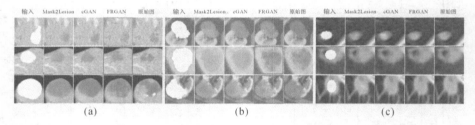

图 9-6 不同方法在 LiTS,KiTS 和 LUNA 测试数据集上合成效果对比
(a)LiTS; (b)KiTS; (c)LUNA

尽管 Mask2Lesion 和 cGAN 也可以支持用户自定义的不规则肿瘤合成,但本书提出的 Richer-Conv-Branch 和混合损失函数提升了合成肿瘤的视觉外观的真实性。如图 9-6 所示,绿色框突出显示的病例是具有多样性的肿瘤,红色框中的肿瘤是具有更加丰富边界信息的案例。Mask2Lesion 的原始模型的目的是合成二维皮肤镜病变图像。与 CT 灰度图中的软组织边界相比,皮肤镜图像上病变与周围组织之间的边界是高度可辨别的。因此,从图 9-6 可以看出,与本书提出的 FRGAN 相比,通过 Mask2Lesion 生成的三维肿瘤模糊不清。而 FRGAN 生成的肿瘤极其自然,与周围环境具有高度的视觉相似性。与 cGAN 相比,FRGAN 引入了 Richer-Conv-Branch 以增强肿瘤

边界合成的真实性。此外,混合损失函数进一步保证了肿瘤合成。综上所述,本书提出的模型与其他两个模型相比,所生成的肿瘤具有更丰富的上下文信息与病理特征,从而改善了合成肿瘤的质量。

如图 9-7 所示,本书将合成的肿瘤置入测试集的原 CT 图中以便查看是否存在视觉差异。结果表明,测试数据集上的合成肿瘤与真实肿瘤之间没有过大的视觉差异,该表现与定量评估结果一致。

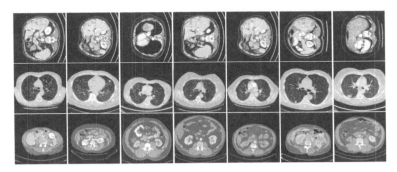

图 9-7　FRGAN 合成的肿瘤在 LiTS,KiTS 和 LUNA 原 CT 图上效果示例

定性的实验结果表明,将 DG-encoder,RC-decoder 和混合损失函数集成到 FRGAN 中可以显著增强对边界特征和上下文信息的学习,从而改善模型对三维肿瘤的合成性能。

9.5.4　消融实验

为了进一步评估和证明所提出的 FRGAN 模型中主要模块的贡献,本书在 KiTS 数据集上进行了消融研究,用以评估 DG-encoder,RC-decoder,多重遮罩损失函数,感知损失函数和风格损失函数。

9.5.4.1　主要模块有效性验证

本消融实验是通过逐渐添加组件来研究此新添加组件的有效性。为了进行严谨的证明,本实验使用相同的 60% 真实数据以及通过传统数据增强(Conventional Data Augmentation)操作生成的 20% 真实肿瘤数据来训练 U-Net,作为对照实验。如表 9-3 所示,使用传统数据增强与没有数据增强的基准模型相比,Jaccard 指标提高了 0.5%。由于 DG-encoder 的引入,Jaccard 指标也得以改善。当生成器包含 DG-enc-oder 与 RC-decoder 时,Jaccard 指标略降至 0.758。尽管性能下降了,但是 RC-decoder 的有效性是显而易见的,如图 9 - 8 所示。与不包含 RC-decoder 的合成模型相比,虽然具有 RC-decoder 的模型合成的肿瘤区域趋于模糊和平滑,但是,使用 RC-decoder 后,肿瘤的中心和边界区域变得更加可辨别。换句话说,RC-decoder 能够重建肿瘤内和肿瘤边界附近的纹理外观。

表 9 - 3　肿瘤消融实验的分割性能评估

数据增强	普通卷积	DG-encoder	RC-decoder	L_{mm}	L_{percep}	L_{sty}	Jaccard
							0.737
√							0.752
	√						0.755
		√					0.759
		√	√				0.758
		√	√	√			0.760
		√	√		√		0.762
		√	√			√	0.760
		√	√	√	√	√	0.763

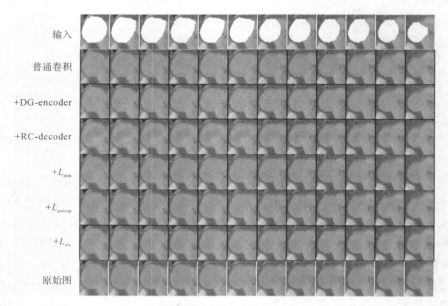

图 9 - 8　肿瘤合成消融实验

9.5.4.2　损失函数有效性验证

如表 9-3 和图 9-8 所示,随着多重遮罩损失函数的添加,模型的性能得到了改善,生成了具有合理语义和更丰富病理纹理的肿瘤。当分别添加感知损失函数和风格损失函数时,模型性能会同时提高。因此,混合损失函数中的所有损失都对合成结果有所贡献。

如图 9-8 所示,使用常规卷积的合成效果最差,其所有合成的肿瘤都不具备纹理信息。其次,这些肿瘤未融合到周围组织中去,显得异常突兀。当在生成器中加入 DG-encoder 时,模型会生成更多逼真的肿瘤。RC-decoder 的引入导致肿瘤和周围组织之间的界限变得明显。但是,RC-decoder 也会引入相应的模糊性,这是因为合成模型仅仅用了常规的损失函数进行惩罚和优化。当使用混合损失函数(即 L_{mm},L_{percep} 和 L_{sty})时,合成的效果得到了明显改善。合成肿瘤具有显著的纹理特征,并与周围组织高度融合。

为此,笔者得出以下结论:

(1)所有损失函数和模块在提高模型合成肿瘤的真实性中都起着重要作用;

(2)风格损失在生成更丰富的纹理方面不如感知损失有效;

(3)FRGAN 捕获并重建了三维纹理和空间的一致性。

9.5.5　讨论

经过定量和定性的实验研究表明,本书所提出的肿瘤合成模型 FRGAN 与其他模型相比,能够生成最真实的合成肿瘤,并且合成肿瘤直接提高了分割模型的性能。

首先,更丰富卷积特征的膨胀门控生成网络为笔者的模型扩大了感受野,进而获得了提取和恢复多尺度特征的能力。其次,多重遮罩损失函数增加了肿瘤,肿瘤边界和背景之间的纹理一致性。同时,感知损失和风格损失为从真实肿瘤中风格迁移提供了保障。最后,提出的混合损失函数在合成过程中保留了纹理信息,降低了合成肿瘤的模糊性。例如,在图 9-8 中,如果使用普通损失函数或常规卷积,那么合成的肿瘤就会非常光滑,不具备详细的肿瘤内部特点。这也是 Mask2Lesion 和 cGAN 的缺点之一。

表 9-1 同样也支撑了第一个观点。使用本书的合成模型训练的分割模型性能优于其他方法,这是因为分割模型从训练数据集中提取特征并学习。通过将训练完毕的模型直接应用于从未见过的真实肿瘤中,可以获得测试结

果。那么,在相同的分割模型和实验设置的情况下,由大量多样化的接近"真实"肿瘤样本组成的训练数据集将更有可能在真实肿瘤测试数据上获得更好的表现。因此,可以推断,在所有对比的生成模型方法中,由本书提出的模型生成的合成肿瘤与实际肿瘤最为接近。

如表 9-1 和图 9-3 所示,通过比较仅使用真实图像训练的分割模型,使用真实图像和传统数据增强生成的数据训练的分割模型,以及使用真实图像和合成图像训练的分割模型可知,所有使用合成图像训练的分割模型性能均优于数据增强或不使用数据增强的分割模型。该现象是因为合成的训练数据集中包含了大小、形状和位置各异的肿瘤样本,这对分割模型的学习起了促进作用。因此,生成模型能有效地利用现有注释促使分割模型提升性能,提供了一种从有限标注数据中学习的替代解决方案。

9.6 本 章 小 结

本章针对医学影像数据稀缺的问题,从如何生成多样性数据以供分割任务的角度入手,补充医疗影像分割研究,针对不规则医疗影像合成进行研究,首先提出了基于更丰富特征的合成算法,该算法生成的网络包括三维更丰富卷积特征的膨胀门控生成网络,基于块的判别器以及混合损失函数。然后,本章节利用数据增强的方式间接对所提出的生成模型进行了验证。实验结果表明,使用本书提出的生成模型合成的多样化肿瘤数据有效地提高了分割模型的性能。本书提出的模型具有巨大的应用潜力,可应用于其他医学影像的合成,特别是当用户缺少软组织或者病变等数据时。此外,它还可以协助医学培训教学任务或外科医生研究不同癌症的新疗法。

综上所述,本章针对如何生成多样化高度真实的三维医学影像数据以供医学影像分割展开研究,设计了基于增强分割数据的合成算法研究,并在多个三维肿瘤影像数据上进行验证。因此,本章是前述章节对有效利用多任务知识、有效利用同源数据以及有效利用跨源数据提出的深度学习分割算法的补充,使用的生成对抗网络为解决医疗分割数据稀缺的问题提供了另一种别出心裁的解决方案。

第 10 章　总结和展望

10.1　总　　结

本书聚焦于基于深度学习模型在医疗影像分析领域的应用,针对医疗影像分析中高精度的要求、数据量稀缺以及数据存在域漂移问题这三个角度展开,对既有算法存在的局限性进行分析,并提出了相应的解决方法。本书的主要工作内容如下。

1. 医疗影像分析中高精度的要求

首先,本书研究如何有效地利用多任务知识提高深度学习模型对医疗影像分析的精度,主要论述了现有单任务模型与多任务模型中存在的问题,并提出了一种融合级联知识的深度学习模型,利用医学影像诊断与分割网络中提取的级联知识分别作用于另一种任务以提升模型性能。概括来说,本书提出了一种新颖的特征融合注意力模块,达到了自适应地控制知识从一项任务传播到另一项任务的效果,实现了有效利用多任务知识并进一步提高深度学习模型精度。然后,针对医学影像中类别不平衡的问题,本书提出了一种有效融合多种损失的函数,缓解了由数据不平衡引起的模型过拟合问题。本书在多个皮肤病诊断与分割数据集上验证了提出方法的有效性。

其次,本书研究了利用肿瘤的不规则形状来促进准确分割的方法,从食管、肿瘤和周围组织之间的低对比度以及不规则的肿瘤形状限制了自动分割方法的性能方面入手,考虑使用先进的分割方法对食管肿瘤进行分割。概括来说,本书提出了一种基于形状感知对比的深度监督网络,该网络具有形状感知正则化和体素到体素对比深度监督,对于其他框架也有较强的兼容性。然后,本书考虑到使用具有形状感知正则化的方法来集成与形状相关的特征,通过引入额外的形状头来正则化形状感知约束,从而保留分割掩码的完整形状。

本书使用体素到体素对比深度监督策略,以增强肿瘤与邻近区域之间的对比度,在解码阶段通过难样本选择增强了边界附近的体素级约束,并结合了深度监督策略。本书构建了一个用于食管肿瘤分割的大规模精心标注的数据集。通过全面的实验,本书证明了所提方法对食管肿瘤分割的优越性。

最后,本书研究了如何对骨骼肌减少症进行准确筛查的问题,并提出了一种用于髋部 X 射线图像和临床信息进行骨骼肌减少症筛查的多模态对比学习模型,旨在通过髋部 X 射线图像和临床信息进行准确的骨骼肌减少症诊断。概括来说,本书提出了基于多模态对比学习模型,包括非局部 CAM 增强模块,利用 CAM 和非局部模块来捕获长程依赖关系,视觉-文本特征融合模块将临床信息与图像特征融合,进一步增强了模型的表征能力。辅助对比表示通过无监督学习策略鼓励模型在高级潜在空间中学习更具区分性的特征表示,进一步提高了诊断性能。然后,这些组件的协同作用使得提出方法在提取全局信息、融合多模态数据以及提高特征表示能力方面表现出色。实验结果显示,相较于单模态和其他多模态方法,本书提出方法在诊断性能上取得了显著提升,尤其是在准确率方面。本书收集了一个用于从异构数据筛查骨骼肌减少症的大型数据集。通过全面的实验,本书验证了每个组件的有效性,进一步证实了提出方法的优越性。

2.医疗影像分析中数据量稀缺

首先,本书研究了医学影像未标记数据的不一致和不确定的问题,从如何有效利用已标注和未标注的数据以及各个数据之间的一致性入手,首先提出了一种新颖的基于教师-学生模型的基于层次一致性执行的半监督分割网络,以充分利用数据间的一致性信息。其次,本书提出了一种基于 MT 的分层一致性执行(HCE)框架用于组织学图像分割,使用在训练期间强制分层一致性的HCE 模块,通过对编码器中分层隐藏特征空间的扰动进行建模来提高学生模型的学习能力,鼓励教师模型为学生模型提供更准确的指导,进而提升模型的预测准确性。综合实验结果表明,与半监督和监督学习方法相比,本书提出方法使用有限的标记数据实现了有竞争力的性能。本书提出方法解决同源数据的数据稀缺问题,为解决医疗数据稀缺的问题提供了一种新颖的解决方案。

其次,本书研究由于扫描成本和患者隐私问题等导致有标注的医疗数据稀缺的问题,从如何有效利用已标注和未标注数据的角度出发,主要论述了现有全监督与半监督的分割算法的缺陷,并提出了一种可学习不确定性的半监督算法。概括来说,本书提出了一种伪标签引导下的特征聚合网络,其包含多尺度多阶段的特征聚合模块和伪标签引导下的特征增强模块,避免了由 U 形网络带来的特征不兼容影响,提高了全监督分割算法的性能。然后,本书针对如何有效利用已有标注数据的问题,提出了一种可学习不确定性的半监督分割架构,降低了经典师生网络架构中存在的模型内不确定性和模型间不一致性,提高了半监督分割算法的性能。本书在多个组织学病理图像分割数据集上验证了提出方法的有效性。

最后,本书研究不同医疗设备扫描产生的数据分布不同,进而导致域漂移的问题,主要论述了多中心数据会导致深度学习分割模型性能极大降低的问题以及现有域适应方法的缺陷。从理论上来说,本书提出了一种先验知识驱动下的域自适应和双域增强自矫正学习模式。从实际上来说,本书提出了一种基于域适应的自矫正分割算法,其包含一个注意力和特征域增强的域适应模型与一种双域增强的自矫正学习算法,缓解了由不同医疗协议导致的域漂移问题,提高了跨域分割模型的鲁棒性。最后,本书在三个新冠影像分割数据集上验证了提出方法的有效性。

3. 医疗影像分析中数据存在域漂移问题

本书从辅助医学图像分割模型,即利用已有标注的数据生成大量多样性数据来增加可使用数据的角度,解决了医学影像分割数据存在维度信息丢失的难题。本书主要论述了现有生成对抗网络在医疗影像应用过程中存在的问题与缺陷,提出了一种三维不规则医学影像合成算法。概括来说,本书提出了一种基于更丰富特征生成对抗网络的三维不规则医学影像生成模型,其融合了三维膨胀门控卷积和更丰富卷积特征的解码器,确保临床医生生成具有特定形状、位置和大小的影像。然后,本书提出了混合损失函数恢复上下文和纹理特征以增强合成的效果,本书提出的生成模型在三维肝脏肿瘤、肾脏肿瘤以及肺结节的合成上效果卓越,利用混合真实肿瘤与合成肿瘤数据用以训练分割模型来间接验证提出的生成网络的有效性。

综上所述,本书以深度学习为技术路线贯穿所有算法,解决了医疗影像分析领域中所涉及的精度要求高、数据量稀缺以及跨中心数据中存在域漂移的问题。本书各个研究的核心是解决医学影像中数据量稀少的问题,从问题的复杂度上来说:级联知识传播算法解决了在数据量有限的情况下,高效利用已有的多任务信息提高模型精度的问题;形状感知对比算法解决了在数据对比度低及肿瘤形状不规则的情况下,高效利用肿瘤的不规则形状提高模型性能的问题;多模态对比学习算法解决了单一模态的数据训练效果不佳的情况下,高效利用多模态数据信息的问题;层次一致性执行算法解决了标注数据有限的情况下,高效利用不同扰动下未标记数据的一致性问题;不确定性算法解决了在同源数据量有限的情况下,高效利用已有带标签数据提高模型性能的问题;域适应算法解决了在跨域数据的前提下,有效利用源域数据提高模型泛化能力的问题;不规则医学影像合成算法解决了扩增多样化分割数据的问题。因此,本书解决的问题是逐步复杂且具有连续性的。从方法的延续性上来说:级联知识传播算法提出的多级子网知识的复用与传播,为半监督分割算法中模型的多级子网特征聚合提供了解决思路;而半监督分割算法中提出的由深度神经网络中层级结构导致不确定性的理论又为跨域分割模型中引入层级特征域判别器提供了指导。本书提出的所有模型都是以深度学习为基础技术方案。因此,本书解决问题的方法也是具有延续性的。最后,由于医疗影像数据集具有模态众多、模态间差异大等特点,不同的数据域的问题也各不同。例如:三维肿瘤数据由于标注困难,导致数据量较少;皮肤癌影像由于没有充分利用病理信息,导致精准诊断仍然是一个问题;CT,MRI 影像中包含信息不同,有效利用跨模态信息也是一个亟须解决的问题。因此针对不同的研究问题所提出的研究模型,本书选择不同的数据集进行了验证,为各种重大疾病的筛查、诊断、治疗计划、疗效评估和随访提供科学方法和先进技术,在医工结合领域与临床使用中具有重大的实际应用价值。

10.2　展　　望

　　基于深度学习的医疗影像分割模型研究,对于解决实际问题有着重要的意义。本书针对医疗影像中存在挑战,对既有算法存在的局限性,提出了解决方法,基于本书的研究内容,未来将在以下几方面进行更深入的研究:

　　(1)本书提出的融合级联知识的深度学习模型,并不是端到端的训练模式,因此还需要为临床研究提供端到端训练方式,以便更好地投入使用。此外,受限于计算资源,以及在线数据增强的方式,该模型针对分类任务训练时间过长,未来将考虑优化网络结构,提升模型的计算效率。最后,还考虑推广该模型到其他医疗影像分析任务中,如新型冠状病毒影像的分割与筛查。

　　(2)本书提出的基于形状感知对比的深度监督网络,尽管建立了一个大型内部数据集,但可能存在数据集偏差或局限性,未能涵盖所有类型的食管肿瘤情况,同时体素到体素对比学习在处理大型体积特征图时可能需要较高的计算资源。因此,未来将考虑扩展数据集以包含更多中心和更广泛的患者群体,以提高模型的泛化能力,研究和实施更高效的算法或硬件加速,以降低计算成本。

(3)本书提出的用于髋部 X 射线图像和临床信息进行骨骼肌减少症筛查的多模态对比学习模型,虽然将临床信息与图像特征融合,增强了模型的表征能力,但仍然存在更优的特征融合方法,以更好地结合视觉和文本信息。因此,未来将考虑研究更完善的多模态特征融合技术,提高诊断的可解释性。

(4)本书提出的基于教师学生模型的基于层次一致性执行的半监督分割网络,虽然已充分利用数据间的一致性信息,解决同源数据的数据稀缺问题,但方法在标记数据较少时可能表现不佳,需要更多的未标记数据来提高性能。因此,未来将考虑探索数据增强技术以模拟更多标记数据或改进该方法以更好地利用有限的标记数据。

(5)本书提出的可学习不确定性的半监督算法,虽然能解决医学影像数据稀缺的问题,但仍然具有一定局限性,例如随着子阶段的增加,在细胞分割数据集上的模型性能并没有提升。因此,未来将考虑在大量其他数据集上探索子阶段增加带来的性能变化,同时探索利用更轻量的网络模型达到极具竞争力的性能。

(6)本书提出的一种基于域自适应的自矫正分割算法的局限性在于本书假设所有源数据样本均已具有完善的标签注释。但是,在一些疾病暴发的早期阶段,具有完善标注的数据样本数量仍然有限,域适应方法的性能可能会随着有标记的样本减少而大幅度下降。因此,未来考虑研究针对小样本下的域适应模型。

(7)本书提出的不规则三维合成算法的局限性在于本书的假设是肿瘤遮罩的设计必须是在具有病理学知识的专家或在具有领域知识的专家的监督下,经过这种遮罩合成出来的肿瘤才具有实际意义。然而,肿瘤可以出现在器官的任何地方,并且具有各种形状和大小。肿瘤的大小、形状和位置的不同会影响并发症的发生率和病变的恶化程度。因此,未来的研究工作包括提出一种新模型迫使鉴别器纠正不适当的输入遮罩并生成具有病理意义的肿瘤。

(8)本书针对不同问题所提出的具体模型是独立的,虽然分别解决了高精度分割、数据量稀缺以及域漂移问题,但是模型之间并不能够合并成同一个模型。由于医疗影像数据具有模态众多、分布差异较大、数据量较少等特点,因此针对所有医学影像设计通用模型是一项极其艰巨的任务,进而导致现阶段各大研究提出针对任务驱动下的医疗影像处理模型。未来的研究工作考虑将上述数据集整合,引入联邦学习,研究一种通用医学影像分割模型以应对不同分割任务。

参 考 文 献

[1] SHARMA N, AGGARWAL L M. Automated medical image segmentation techniques[J]. J Med Phys, 2010, 35(1): 3 – 14.

[2] ZHANG L, JI Q. A Bayesian network model for automatic and interactive image segmentation[J]. IEEE Trans Image Process, 2011, 20(9): 2582 – 2593.

[3] YU L, SHENG C. Review of medical image segmentation method[J]. JEST, 2017, 30(8): 169 – 172.

[4] LI W, JIA F C, HU Q M. Automatic segmentation of liver tumor in CT images with deep convolutional neural networks[J]. J Comput Commun, 2015, 3(11): 146 – 151.

[5] VIVANTI R, EPHRAT A, JOSKOWICZ L, et al. Automatic liver tumor segmentation in follow-up CT scans [M]//Lecture Notes in Computer Science. Cham: Springer International Publishing, 2015: 54 – 61.

[6] MENZE B H, JAKAB A, BAUER S, et al. The multimodal brain tumor image segmentation benchmark (BRATS)[J]. IEEE Trans Med Imag, 2015, 34(10): 1993 – 2024.

[7] CHERUKURI V, SSENYONGA P, WARF B C, et al. Learning based segmentation of CT brain images: application to postoperative hydrocephalic scans [J]. IEEE Trans Biomed Eng, 2018, 65 (8): 1871 – 1884.

[8] CHENG J, LIU J, XU Y W, et al. Super pixel classification based optic disc and optic cup segmentation for glaucoma screening[J]. IEEE Trans Med Imag, 2013, 32(6): 1019 – 1032.

[9] FU H Z, CHENG J, XU Y W, et al. Joint optic disc and cup

segmentation based on multi-label deep network and polar transformation[J]. IEEE Trans Med Imaging, 2018, 37 (7): 1597 - 1605.

[10] RONNEBERGER O, FISCHER P, BROX T. U-net: convolutional networks for biomedical image segmentation[M]//Lecture Notes in Computer Science. Cham: Springer International Publishing, 2015: 234 - 241.

[11] SONG T H, SANCHEZ V, EIDALY H, et al. Dual-channel active contour model for megakaryocytic cell segmentation in bone marrow trephine histology images[J]. IEEE Trans Biomed Eng, 2017, 64 (12): 2913 - 2923.

[12] WANG S, ZHOU M, LIU Z Y, et al. Central focused convolutional neural networks: developing a data-driven model for lung nodule segmentation[J]. Med Image Anal, 2017, 40: 172 - 183.

[13] ONISHI Y, TERAMOTO A, TSUJIMOTO M, et al. Multiplanar analysis for pulmonary nodule classification in CT images using deep convolutional neural network and generative adversarial networks[J]. Int J Comput Assist Radiol Surg, 2020, 15(1): 173 - 178.

[14] FUKUSHIMA K. Neocognitron: a self-organizing neural network model for a mechanism of pattern recognition unaffected by shift in position[J]. Biol Cybern, 1980, 36(4): 193 - 202.

[15] LECUN Y, BOTTOU L, BENGIO Y, et al. Gradient-based learning applied to document recognition[J]. Proc IEEE, 1998, 86 (11): 2278 - 2324.

[16] KRIZHEVSKY A, SUTSKEVER I, HINTON G E. ImageNet classification with deep convolutional neural networks[J]. Commun ACM, 2017, 60(6): 84 - 90.

[17] GREENSPAN H, VAN GINNEKEN B, SUMMERS R M. Guest editorial deep learning in medical imaging: overview and future promise of an exciting new technique[J]. IEEE Trans Med Imag, 2016, 35(5): 1153 - 1159.

[18] REKIK I, ALLASSONNIÈRE S, CARPENTER T K, et al. Medical image analysis methods in MR/CT-imaged acute-subacute ischemic

stroke lesion：segmentation，prediction and insights into dynamic evolution simulation models［J］. NeuroImage Clin，2012，1（1）：164 - 178.

[19] PARVATI K，PRAKASA RAO B S，MARIYA DAS M. Image segmentation using gray-scale morphology and marker-controlled watershed transformation［J］. Discrete Dyn Nat Soc，2008（1）：171 - 179.

[20] HALEVY A，NORVIG P，PEREIRA F. The unreasonable effectiveness of data[J]. IEEE Intell Syst，2009，24(2)：8 - 12.

[21] DENG J，DONG W，SOCHER R，et al. ImageNet：a large-scale hierarchical image database[C]//2009 IEEE Conference on Computer Vision and Pattern Recognition，June 20-25，2009，Miami，FL，USA. New York：IEEE，2009：248 - 255.

[22] CHEN H，QI X，CHENG J，et al. Deep contextual networks for neuronal structure segmentation［J］. Proc AAAI Conf Artif Intell，2016，30(1)：19 - 27.

[23] CIOMPI F，DE HOOP B，VAN RIEL S J，et al. Automatic classification of pulmonary peri-fissural nodules in computed tomography using an ensemble of 2D views and a convolutional neural network out-of-the-box ［J］. Med Image Anal，2015，26（1）：195 - 202.

[24] SHIN H C，ROTH H R，GAO M C，et al. Deep convolutional neural networks for computer-aided detection：CNN architectures，dataset characteristics and transfer learning［J］. IEEE Trans Med Imag，2016，35(5)：1285 - 1298.

[25] ERICKSON B J，KORFIATIS P，AKKUS Z，et al. Machine learning for medical imaging ［J］. Radiographics，2017，37（2）：505 - 515.

[26] ZHU J Y，PARK T，ISOLA P，et al. Unpaired image-to-image translation using cycle-consistent adversarial networks ［C］//2017 IEEE International Conference on Computer Vision (ICCV)，October 22-29，2017，Venice，Italy. New York：IEEE，2017：2242 - 2251.

[27] ZHOU S K，GREENSPAN H，DAVATZIKOS C，et al. A review of

deep learning in medical imaging: imaging traits, technology trends, case studies with progress highlights, and future promises[J]. Proc IEEE, 2021, 109(5): 820 - 838.

[28] LECUN Y, BOSER B, DENKER J S, et al. Backpropagation applied to handwritten zip code recognition[J]. Neural Comput, 1989, 1(4): 541 - 551.

[29] SHELHAMER E, LONG J, DARRELL T. Fully convolutional networks for semantic segmentation [C]//IEEE Transactions on Pattern Analysis and Machine Intelligence, May 24, 2016. New York: IEEE, 2017: 640 - 651.

[30] CICEKÖ, ABDULKADIR A, LIENKAMP S S, et al. 3D U-net: learning dense volumetric segmentation from sparse annotation[M]// Lecture Notes in Computer Science. Cham: Springer International Publishing, 2016: 424 - 432.

[31] MILLETARI F, NAVAB N, AHMADI S A. V-net: fully convolutional neural networks for volumetric medical image segmentation [C]//2016 Fourth International Conference on 3D Vision (3DV), October 25-28, 2016, Stanford, CA, USA. New York: IEEE, 2016: 565 - 571.

[32] JADERBERG M, SIMONYAN K, ZISSERMAN A. Spatial transformer networks[J]. NeurIPS, 2015(28): 2017 - 2025.

[33] OKTAY O, SCHLEMPER J, FOLGOC L L, et al. Attention u-net: learning where to look for the pancreas [E/OL]. [2024-07-18]. https://arxiv.org/pdf/1804.03999.

[34] HU J, SHEN L, SUN G. Squeeze-and-excitation networks[C]// 2018 IEEE/CVF Conference on Computer Vision and Pattern Recognition, June 18-23, 2018, Salt Lake City, UT, USA. New York: IEEE, 2018: 7132 - 7141.

[35] KAUL C, MANANDHAR S, PEARS N. Focusnet: an attention-based fully convolutional network for medical image segmentation [C]//2019 IEEE 16th International Symposium on Biomedical Imaging (ISBI 2019), April 8-11, 2019, Venice, Italy. New York: IEEE, 2019: 455 - 458.

[36] HE K M, ZHANG X Y, REN S Q, et al. Spatial pyramid pooling in deep convolutional networks for visual recognition[J]. IEEE Trans Pattern Anal Mach Intell, 2015, 37(9): 1904 - 1916.

[37] CHEN L C, PAPANDREOU G, KOKKINOS I, et al. DeepLab: semantic image segmentation with deep convolutional nets, atrous convolution, and fully connected CRFs[J]. IEEE Trans Pattern Anal Mach Intell, 2018, 40(4): 834 - 848.

[38] BAI W J, OKTAY O, SINCLAIR M, et al. Semi-supervised learning for network-based cardiac MR image segmentation[M]// Lecture Notes in Computer Science. Cham: Springer International Publishing, 2017: 253 - 260.

[39] NIE D, GAO Y Z, WANG L, et al. ASDNet: attention based semisupervised deep networks for medical image segmentation[M]// Lecture Notes in Computer Science. Cham: Springer International Publishing, 2018: 370 - 378.

[40] LIN T Y, GOYAL P, GIRSHICK R, et al. Focal loss for dense object detection [C]//2017 IEEE International Conference on Computer Vision (ICCV), October 22-29, 2017, Venice, Italy. New York: IEEE, 2017: 2999 - 3007.

[41] SALEHI S S M, ERDOGMUS D, GHOLIPOUR A. Tversky loss function for image segmentation using 3D fully convolutional deep networks[M]//Lecture Notes in Computer Science. Cham: Springer International Publishing, 2017: 379 - 387.

[42] GESSERT N, SENTKER T, MADESTA F, et al. Skin lesion classification using CNNs with patch-based attention and diagnosis-guided loss weighting[J]. IEEE Trans Biomed Eng, 2020, 67(2): 495 - 503.

[43] ZHANG J P, XIE Y T, XIA Y, et al. Attention residual learning for skin lesion classification[J]. IEEE Trans Med Imag, 2019, 38(9): 2092 - 2103.

[44] YUAN Y D, CHAO M, LO Y C. Automatic skin lesion segmentation using deep fully convolutional networks with jaccard distance[J]. IEEE Trans Med Imag, 2017, 36(9): 1876 - 1886.

[45] NAVARRO F, ESCUDERO-VIÑOLO M, BESCÓS J. Accurate segmentation and registration of skin lesion images to evaluate lesion change[J]. IEEE J Biomed Health Inform, 2019, 23(2): 501 – 508.

[46] BARATA C, MARQUES J S, CELEBI M E. Deep attention model for the hierarchical diagnosis of skin lesions[C]//2019 IEEE/CVF Conference on Computer Vision and Pattern Recognition Workshops (CVPRW), June 16-17, 2019, Long Beach, CA, USA. New York: IEEE, 2019: 2757 – 2765.

[47] HARANGI B. Skin lesion classification with ensembles of deep convolutional neural networks[J]. J Biomed Inform, 2018(86): 25 – 32.

[48] YU L Q, CHEN H, DOU Q, et al. Automated melanoma recognition in dermoscopy images via very deep residual networks [J]. IEEE Trans Med Imag, 2017, 36(4): 994 – 1004.

[49] XUE Y, XU T, HUANG X L. Adversarial learning with multi-scale loss for skin lesion segmentation[C]//2018 IEEE 15th International Symposium on Biomedical Imaging (ISBI 2018), April 4-7, 2018, Washington, D. C., USA. New York: IEEE, 2018: 859 – 863.

[50] SARKER M M K, RASHWAN H A, AKRAM F, et al. SLSDeep: skin lesion segmentation based on dilated residual and pyramid pooling networks[M]//Lecture Notes in Computer Science. Cham: Springer International Publishing, 2018: 21 – 29.

[51] CHEN L C, ZHU Y K, PAPANDREOU G, et al. Encoder-decoder with atrous separable convolution for semantic image segmentation [M]//Lecture Notes in Computer Science. Cham: Springer International Publishing, 2018: 833 – 851.

[52] GONZÁLEZ-DÍAZ I. DermaKNet: incorporating the knowledge of dermatologists to convolutional neural networks for skin lesion diagnosis[J]. IEEE J Biomed Health Inform, 2019, 23 (2): 547 – 559.

[53] CHEN S, WANG Z, SHI J P, et al. A multi-task framework with feature passing module for skin lesion classification and segmentation [C]//2018 IEEE 15th International Symposium on Biomedical

Imaging (ISBI 2018), April 4-7, 2018, Washington, D. C., USA. New York: IEEE, 2018: 1126－1129.

[54] SONG L, LIN J Z, WANG Z J, et al. An end-to-end multi-task deep learning framework for skin lesion analysis[J]. IEEE J Biomed Health Inform, 2020, 24(10): 2912－2921.

[55] LIAO H F, LUO J B. A deep multi-task learning approach to skin lesion classification[EB/OL]. [2024-07-17]. http://arxiv. org/abs/ 1812. 03527.

[56] MURABAYASHI S, IYATOMI H. Towards explainable melanoma diagnosis: prediction of clinical indicators using semi-supervised and multi-task learning[C]//2019 IEEE International Conference on Big Data (Big Data), December 9-12, 2019, Los Angeles, CA, USA. New York: IEEE, 2019: 4853－4857.

[57] CHEN E Z, DONG X, LI X X, et al. Lesion attributes segmentation for melanoma detection with multi-task U-net[C]//2019 IEEE 16th International Symposium on Biomedical Imaging (ISBI 2019), April 8-11, 2019, Venice, Italy. New York: IEEE, 2019: 485－488.

[58] GANAYE P A, SDIKA M, TRIGGS B, et al. Removing segmentation inconsistencies with semi-supervised non-adjacency constraint[J]. Med Image Anal, 2019(58):101551.

[59] ZHOU Y N, CHEN H, LIN H J, et al. Deep semi-supervised knowledge distillation for overlapping cervical cell instance segmentation[M]//Lecture Notes in Computer Science. Cham: Springer International Publishing, 2020: 521－531.

[60] XIE Y T, ZHANG J P, LIAO Z B, et al. Pairwise relation learning for semi-supervised gland segmentation[M]//Lecture Notes in Computer Science. Cham: Springer International Publishing, 2020: 417－427.

[61] ZHANG Y Z, YANG L, CHEN J X, et al. Deep adversarial networks for biomedical image segmentation utilizing unannotated images[M]//Lecture Notes in Computer Science. Cham: Springer International Publishing, 2017: 408－416.

[62] YANG H X, SHAN C F, KOLEN A F, et al. Deep Q-network-

driven catheter segmentation in 3D US by hybrid constrained semi-supervised learning and dual-UNet[M]//Lecture Notes in Computer Science. Cham: Springer International Publishing, 2020:646 – 655.

[63] NIELSEN T D, JENSEN F V. Bayesian networks and decision graphs[M]. Berlin: Springer International Publishing, 2009.

[64] KENDALL A, GAL Y. What uncertainties do we need in bayesian deep learning for computer vision? [J]. NeurIPS Information Processing Systems, 2017, 30(1): 5574 – 5584.

[65] GAL Y, GHAHRAMANI Z. Dropout as a Bayesian approximation: representing model uncertainty in deep learning[J]. 33rd Int Conf Mach Learn ICML, 2016(3): 1651 – 1660.

[66] GUSTAFSSON F K, DANELLJAN M, SCHON T B. Evaluating scalable Bayesian deep learning methods for robust computer vision [C]//2020 IEEE/CVF Conference on Computer Vision and Pattern Recognition Workshops (CVPRW), June 14-19, 2020, Seattle, WA, USA. New York: IEEE, 2020: 1289 – 1298.

[67] KWON Y, WON J H, KIM B J, et al. Uncertainty quantification using Bayesian neural networks in classification: application to biomedical image segmentation[J]. Comput Stat Data Anal, 2020 (142): 106816.

[68] WANG G T, LI W Q, AERTSEN M, et al. Aleatoric uncertainty estimation with test-time augmentation for medical image segmentation with convolutional neural networks [J]. Neurocomputing, 2019(338): 34 – 45.

[69] YU F, KOLTUN V. Multi-scale context aggregation by dilated convolutions [EB/OL]. [2024-07-18]. https://arxiv. org/pdf/ 1511. 07122.

[70] ZHONG Z L, LIN Z Q, BIDART R, et al. Squeeze-and-attention networks for semantic segmentation [C]//2020 IEEE/CVF Conference on Computer Vision and Pattern Recognition (CVPR), June 13-19, 2020, Seattle, WA, USA. New York: IEEE, 2020: 13062 – 13071.

[71] CHEN L C, COLLINS M, ZHU Y, et al. Searching for efficient

multi-scale architectures for dense image prediction[J]. NeurIPS, 2018(31): 8713 - 8724.

[72] YU C Q, WANG J B, GAO C X, et al. Context prior for scene segmentation[C]//2020 IEEE/CVF Conference on Computer Vision and Pattern Recognition (CVPR), June 13-19, 2020, Seattle, WA, USA. New York: IEEE, 2020: 12413 - 12422.

[73] JI Y F, ZHANG R M, LI Z, et al. UXNet: searching multi-level feature aggregation for 3D medical image segmentation[M]//Lecture Notes in Computer Science. Cham: Springer International Publishing, 2020: 346 - 356.

[74] IBTEHAZ N, RAHMAN M S. MultiResUNet: rethinking the U-Net architecture for multimodal biomedical image segmentation [J]. Neural Netw, 2020(121): 74 - 87.

[75] ZHOU Z, RAHMAN SIDDIQUEE M M, TAJBAKHSH N, et al. Unet + +: a nested U-net architecture for medical image segmentation[C]//Deep Learning in Medical Image Analysis and Multimodal Learning for Clinical Decision Support: 4th International Workshop, DLMIA 2018, and 8th International Workshop, ML-CDS 2018, Held in Conjunction with MICCAI 2018, Granada, Spain, September 20, 2018. Berlin: Springer International Publishing, 2018: 3 - 11.

[76] SU H, XING F Y, KONG X F, et al. Robust cell detection and segmentation in histopathological images using sparse reconstruction and stacked denoising autoencoders[M]//Lecture Notes in Computer Science. Cham: Springer International Publishing, 2015: 383 - 390.

[77] GRAHAM S, CHEN H, GAMPER J, et al. MILD-Net: minimal information loss dilated network for gland instance segmentation in colon histology images[J]. Med Image Anal, 2019(52): 199 - 211.

[78] QU H, YAN Z N, RIEDLINGER G M, et al. Improving nuclei/ gland instance segmentation in histopathology images by full resolution neural network and spatial constrained loss[M]//Lecture Notes in Computer Science. Cham: Springer International Publishing, 2019: 378 - 386.

[79] LV F M, LIANG T, CHEN X, et al. Cross-domain semantic segmentation via domain-invariant interactive relation transfer[C]// 2020 IEEE/CVF Conference on Computer Vision and Pattern Recognition (CVPR), June 13-19, 2020, Seattle, WA, USA. New York: IEEE, 2020: 4333 – 4342.

[80] PATEL V M, GOPALAN R, LI R N, et al. Visual domain adaptation: a survey of recent advances[J]. IEEE Signal Process Mag, 2015, 32(3): 53 – 69.

[81] LUO Y W, LIU P, GUAN T, et al. Significance-aware information bottleneck for domain adaptive semantic segmentation [C]//2019 IEEE/CVF International Conference on Computer Vision (ICCV), October 27-November 2, 2019, Seoul, Korea (South). New York: IEEE, 2019: 6777 – 6786.

[82] TSAI Y H, SOHN K, SCHULTER S, et al. Domain adaptation for structured output via discriminative patch representations[C]//2019 IEEE/CVF International Conference on Computer Vision (ICCV), October 27-November 2, 2019, Seoul, Korea (South). New York: IEEE, 2019: 1456 – 1465.

[83] CHEN Y C, XU X G, JIA J Y. Domain adaptive image-to-image translation[C]//2020 IEEE/CVF Conference on Computer Vision and Pattern Recognition (CVPR), June 13-19, 2020, Seattle, WA, USA. New York: IEEE, 2020: 5273 – 5282.

[84] LI Y S, YUAN L, VASCONCELOS N. Bidirectional learning for domain adaptation of semantic segmentation[C]//2019 IEEE/CVF Conference on Computer Vision and Pattern Recognition (CVPR), June 15-20, 2019, Long Beach, CA, USA. New York: IEEE, 2019: 6929 – 6938.

[85] LI P K, XU Y Q, WEI Y C, et al. Self-correction for human parsing [J]. IEEE Trans Pattern Anal Mach Intell, 2022, 44 (6): 3260 – 3271.

[86] DU L, TAN J G, YANG H Y, et al. SSF-DAN: separated semantic feature based domain adaptation network for semantic segmentation [C]//2019 IEEE/CVF International Conference on Computer Vision

(ICCV), October 27-November 2, 2019, Seoul, Korea (South). New York: IEEE, 2019: 982 - 991.

[87] ZHENG Z D, YANG Y. Unsupervised scene adaptation with memory regularization in vivo [EB/OL]. [2024-07-18]. https://arxiv. org/pdf/1912. 11164.

[88] LEE D H. Pseudo-label: the simple and efficient semi-supervised learning method for deep neural networks [J]. ICML, 2013, 3 (2): 896.

[89] SAPORTA A, VU T H, CORD M, et al. ESL: entropy-guided self-supervised learning for domain adaptation in semantic segmentation [EB/OL]. [2024-07-18]. https://arxiv. org/pdf/2006. 08658.

[90] ZHOU T X, CANU S, RUAN S. An automatic COVID-19 CT segmentation network using spatial and channel attention mechanism [EB/OL]. [2024-07-18]. https://arxiv. org/pdf/2004. 06673.

[91] HE K L, ZHAO W, XIE X Z, et al. Synergistic learning of lung lobe segmentation and hierarchical multi-instance classification for automated severity assessment of COVID-19 in CT images [J]. Pattern Recognit, 2021(113): 107828.

[92] CHEN X C, YAO L, ZHANG Y. Residual attention U-net for automated multi-class segmentation of COVID-19 chest CT images [EB/OL]. [2024-07-18]. https://arxiv. org/pdf/2004. 05645.

[93] ZHOU L X, LI Z X, ZHOU J X, et al. A rapid, accurate and machine-agnostic segmentation and quantification method for CT-based COVID-19 diagnosis[J]. IEEE Trans Med Imag, 2020, 39 (8): 2638 - 2652.

[94] WU Y H, GAO S H, MEI J, et al. JCS: an explainable COVID-19 diagnosis system by joint classification and segmentation[J]. IEEE Trans Image Process, 2021(30): 3113 - 3126.

[95] QIU Y, LIU Y, LI S J, et al. MiniSeg: an extremely minimum network for efficient COVID-19 segmentation[J]. Proc AAAI Conf Artif Intell, 2021, 35(6): 4846 - 4854.

[96] FAN D P, ZHOU T, JI G P, et al. Inf-net: automatic COVID-19 lung infection segmentation from CT images[J]. IEEE Trans Med

Imag, 2020, 39(8): 2626 - 2637.

[97] JIN D K, XU Z Y, TANG Y B, et al. CT-realistic lung nodule simulation from 3D conditional generative adversarial networks for robust lung segmentation[M]//Lecture Notes in Computer Science. Cham: Springer International Publishing, 2018: 732 - 740.

[98] ZHANG Q Q, WANG H F, LU H Y, et al. Medical image synthesis with generative adversarial networks for tissue recognition[C]//2018 IEEE International Conference on Healthcare Informatics (ICHI), June 4-7, 2018, New York, NY, USA. New York: IEEE, 2018: 199 - 207.

[99] YANG J, LIU S Q, GRBIC S, et al. Class-aware adversarial lung nodule synthesis in CT images[C]//2019 IEEE 16th International Symposium on Biomedical Imaging (ISBI 2019), April 8-11, 2019, Venice, Italy. New York: IEEE, 2019: 1348 - 1352.

[100] LAFARGE M W, PLUIM J P W, EPPENHOF K A J, et al. Domain-adversarial neural networks to address the appearance variability of histopathology images[C]//Deep Learning in Medical Image Analysis and Multimodal Learning for Clinical Decision Support: Third International Workshop, DLMIA 2017, and 7th International Workshop, ML-CDS 2017, Held in Conjunction with MICCAI 2017, Québec City, QC, Canada, September 14. Berlin: Springer International Publishing, 2017: 83 - 91.

[101] FRID-ADAR M, KLANG E, AMITAI M, et al. Synthetic data augmentation using GAN for improved liver lesion classification [C]//2018 IEEE 15th International Symposium on Biomedical Imaging (ISBI 2018), April 4-7, 2018, Washington, D. C. , USA. New York: IEEE, 2018: 289 - 293.

[102] GUIBAS J T, VIRDI T S, LI P S. Synthetic medical images from dual generative adversarial networks [EB/OL]. [2024-07-18]. https://arxiv.org/pdf/1709.01872.

[103] NIE D, TRULLO R, LIAN J, et al. Medical image synthesis with context-aware generative adversarial networks[M]//Lecture Notes in Computer Science. Cham: Springer International Publishing,

2017：417 – 425.

[104] WOLTERINK J M, DINKLA A M, SAVENIJE M H F, et al. Deep MR to CT synthesis using unpaired data[C]//Simulation and Synthesis in Medical Imaging：Second International Workshop, SASHIMI 2017, Held in Conjunction with MICCAI 2017, Québec City, QC, Canada, September 10, 2017. Berlin：Springer International Publishing, 2017：14 – 23.

[105] CHUQUICUSMA M J M, HUSSEIN S, BURT J, et al. How to fool radiologists with generative adversarial networks? a visual turing test for lung cancer diagnosis [C]//2018 IEEE 15th International Symposium on Biomedical Imaging (ISBI 2018), April 4-7, 2018, Washington, D. C. , USA. New York：IEEE, 2018：240 – 244.

[106] BEN-COHEN A, KLANG E, RASKIN S P, et al. Cross-modality synthesis from CT to PET using FCN and GAN networks for improved automated lesion detection[J]. Eng Appl Artif Intell, 2019(78)：186 – 194.

[107] BEN-COHEN A, MECHREZ R, YEDIDIA N, et al. Improving CNN training using disentanglement for liver lesion classification in CT[C]//2019 41st Annual International Conference of the IEEE Engineering in Medicine and Biology Society (EMBC), July 23-27, 2019, Berlin, Germany. New York：IEEE, 2019：886 – 889.

[108] WOLTERINK J M, LEINER T, ISGUM I. Blood vessel geometry synthesis using generative adversarial networks[EB/OL]. [2024-07-18]. https：//arxiv. org/pdf/1804. 04381.

[109] ZIJLSTRA F, WILLEMSEN K, FLORKOW M C, et al. CT synthesis from MR images for orthopedic applications in the lower arm using a conditional generative adversarial network[C]//Medical Imaging 2019：Image Processing, February 16-21, 2019. San Diego, USA. Washington, D. C. ：SPIE, 2019：387 – 393.

[110] NEFF T, PAYER C, STERN D, et al. Generative adversarial network based synthesis for supervised medical image segmentation [J]. Palais Eschenbach,2017(3)：4.

[111] ZHAO H, LI H Q, MAURER-STROH S, et al. Synthesizing retinal and neuronal images with generative adversarial nets[J]. Med Image Anal, 2018(49): 14 - 26.

[112] ABHISHEK K, HAMARNEH G. Mask2Lesion: mask-constrained adversarial skin lesion image synthesis [M]//Lecture Notes in Computer Science. Cham: Springer International Publishing, 2019: 71 - 80.

[113] ROGERS H W, WEINSTOCK M A, FELDMAN S R, et al. Incidence estimate of nonmelanoma skin cancer (keratinocyte carcinomas) in the U. S. population, 2012[J]. JAMA Dermatol, 2015, 151(10): 1081 - 1086.

[114] ESTEVA A, KUPREL B, NOVOA R A, et al. Dermatologist-level classification of skin cancer with deep neural networks[J]. Nature, 2017, 542(7639): 115 - 118.

[115] MISHRA R, DAESCU O. Deep learning for skin lesion segmentation [C]//2017 IEEE International Conference on Bioinformatics and Biomedicine (BIBM), November 13-16, 2017, Kansas City, MO, USA. New York: IEEE, 2017: 1189 - 1194.

[116] HE K M, ZHANG X Y, REN S Q, et al. Deep residual learning for image recognition[C]//2016 IEEE Conference on Computer Vision and Pattern Recognition (CVPR), June 27-30, 2016, Las Vegas, NV, USA. New York: IEEE, 2016: 770 - 778.

[117] FU J, LIU J, TIAN H J, et al. Dual attention network for scene segmentation[C]//2019 IEEE/CVF Conference on Computer Vision and Pattern Recognition (CVPR), June 15-20, 2019, Long Beach, CA, USA. New York: IEEE, 2019: 3141 - 3149.

[118] ZHOU B L, KHOSLA A, LAPEDRIZA A, et al. Learning deep features for discriminative localization[C]//2016 IEEE Conference on Computer Vision and Pattern Recognition (CVPR), June 27-30, 2016, Las Vegas, NV, USA. New York: IEEE, 2016: 2921 - 2929.

[119] ROY A G, NAVAB N, WACHINGER C. Concurrent spatial and channel 'squeeze & excitation' in fully convolutional networks

〔M〕//Lecture Notes in Computer Science. Cham：Springer International Publishing，2018：421 – 429.

[120] CODELLA N C F，GUTMAN D，CELEBI M E，et al. Skin lesion analysis toward melanoma detection：a challenge at the 2017 international symposium on biomedical imaging (ISBI)，hosted by the international skin imaging collaboration (ISIC)〔C〕//2018 IEEE 15th International Symposium on Biomedical Imaging (ISBI 2018)，April 4-7，2018，Washington，D. C.，USA. New York：IEEE，2018：168 – 172.

[121] TSCHANDL P，ROSENDAHL C，KITTLER H. The HAM10000 dataset，a large collection of multi-source dermatoscopic images of common pigmented skin lesions〔J〕. Sci Data，2018(5)：180161.

[122] TANG P，LIANG Q K，YAN X T，et al. GP-CNN-DTEL：global-part CNN model with data-transformed ensemble learning for skin lesion classification〔J〕. IEEE J Biomed Health Inform，2020，24 (10)：2870 – 2882.

[123] ZHANG J P，XIE Y T，WU Q，et al. Medical image classification using synergic deep learning〔J〕. Med Image Anal，2019(54)：10 – 19.

[124] DEVRIES T，RAMACHANDRAM D. Skin lesion classification using deep multi-scale convolutional neural networks〔EB/OL〕.〔2024-07-18〕. https：//arxiv. org/pdf/1703. 01402.

[125] BI L，KIM J，AHN E，et al. Automaticskin lesion analysis using large-scale dermoscopy images and deep residual networks〔EB/OL〕.〔2024-07-18〕. https：//arxiv. org/abs/1703. 04197.

[126] MENEGOLA A，TAVARES J，FORNACIALI M，et al. RECOD titans at ISIC challenge 2017〔EB/OL〕.〔2024-07-18〕. https：//arxiv. org/pdf/1703. 04819.

[127] HUANG G，LIU Z，VAN DER MAATEN L，et al. Densely connected convolutional networks〔C〕//2017 IEEE Conference on Computer Vision and Pattern Recognition (CVPR)，July 21-26，2017，Honolulu，HI，USA. New York：IEEE，2017：2261 – 2269.

[128] LI H，HE X Z，ZHOU F，et al. Dense deconvolutional network for

skin lesion segmentation[J]. IEEE J Biomed Health Inform，2019，23(2)：527－537.

[129]　YUAN Y D，LO Y C. Improving dermoscopic image segmentation with enhanced convolutional-deconvolutional networks[J]. IEEE J Biomed Health Inform，2019，23(2)：519－526.

[130]　MIRIKHARAJI Z，HAMARNEH G. Star shape prior in fully convolutional networks for skin lesion segmentation[M]//Lecture Notes in Computer Science. Cham：Springer International Publishing，2018：737－745.

[131]　YUAN Y. Automatic skin lesion segmentation with fully convolutional-deconvolutional net-works[EB/OL]. [2024-07-18]. https：//arxiv. org/pdf/1703. 05165.

[132]　BERSETH M. ISIC 2017- skin lesion analysis towards melanoma detection [EB/OL]. [2024-07-18]. https：//arxiv. org/pdf/1703. 00523.

[133]　BI L，FENG D G，FULHAM M，et al. Improving skin lesion segmentation via stacked adversarial learning[C]//2019 IEEE 16th International Symposium on Biomedical Imaging (ISBI 2019)，April 8-11，2019，Venice，Italy. New York：IEEE，2019：1100－1103.

[134]　GOYAL M，OAKLEY A，BANSAL P，et al. Skin lesion segmentation in dermoscopic images with ensemble deep learning methods[J]. IEEE Access，2019(8)：4171－4181.

[135]　ALOM M Z，HASAN M，YAKOPCIC C，et al. Recurrent residual convolutional neural net-work based on U-Net(R2U-Net)for medical image segmentation [EB/OL]. [2024-07-18]. https：//arxiv. org/pdf/1802. 06955.

[136]　AZAD R，ASADI-AGHBOLAGHI M，FATHY M，et al. Bi-directional ConvLSTM U-net with densley connected convolutions [C]//2019 IEEE/CVF International Conference on Computer Vision Workshop (ICCVW)，October 27-28，2019，Seoul，Korea (South). New York：IEEE，2019：406－415.

[137]　VAN DER MAATEN L. Accelerating t-SNE using tree-based algorithms[J]. J Mach Learn Res，2014，15(1)：3221－3245.

[138]　XU Y Y, WANG L L, HE B, et al. Development and validation of a risk prediction model for radiotherapy-related esophageal fistula in esophageal cancer[J]. Radiat Oncol, 2019, 14(1): 181.

[139]　SUNG H, FERLAY J, SIEGEL R L, et al. Global cancer statistics 2020: GLOBOCAN estimates of incidence and mortality worldwide for 36 cancers in 185 countries[J]. CA Cancer J Clin, 2021, 71(3): 209 - 249.

[140]　LI X K, CHEN L M, LUAN S Y, et al. The development and progress of nanomedicine for esophageal cancer diagnosis and treatment[J]. Semin Cancer Biol, 2022(86): 873 - 885.

[141]　YE X H, GUO D Z, TSENG C K, et al. Multi-institutional validation of two-streamed deep learning method for automated delineation of esophageal gross tumor volume using planning CT and FDG-PET/CT[J]. Front Oncol, 2022(11): 785788.

[142]　YAN K, LV H W, GUO Y C, et al. sAMPpred-GAT: prediction of antimicrobial peptide by graph attention network and predicted peptide structure[J]. Bioinformatics, 2023, 39(1): 715.

[143]　YAN K, FANG X Z, XU Y, et al. Protein fold recognition based on multi-view modeling [J]. Bioinformatics, 2019, 35 (17): 2982 - 2990.

[144]　ZHANG Z L, CUI F F, WANG C Y, et al. Goals and approaches for each processing step for single-cell RNA sequencing data[J]. Brief Bioinform, 2021, 22(4): 314.

[145]　ZHANG Z L, CUI F F, SU W, et al. webSCST: an interactive web application for single-cell RNA-sequencing data and spatial transcriptomic data integration[J]. Bioinformatics, 2022, 38(13): 3488 - 3489.

[146]　HUANG H M, LIN L F, TONG R F, et al. UNet 3: a full-scale connected UNet for medical image segmentation [C]//ICASSP 2020: 2020 IEEE International Conference on Acoustics, Speech and Signal Processing (ICASSP), May 4-8, 2020, Barcelona, Spain. New York: IEEE, 2020: 1055 - 1059.

[147]　CHEN S H, MA K, ZHENG Y F. Med3D: transfer learning for 3D

medical image analysis[EB/OL]. [2024-07-18]. https://arxiv. org/pdf/1904. 00625.

[148] ZHOU Z W, SODHA V, RAHMAN SIDDIQUEE M M, et al. Models genesis: generic autodidactic models for 3D medical image analysis[M]//Lecture Notes in Computer Science. Cham: Springer International Publishing, 2019: 384 – 393.

[149] ZHOU Z W, SODHA V, PANG J X, et al. Models genesis[J]. Med Image Anal, 2021(67): 101840.

[150] WANG G T, ZHAI S W, LASIO G, et al. Semi-supervised segmentation of radiation-induced pulmonary fibrosis from lung CT scans with multi-scale guided dense attention[J]. IEEE Trans Med Imag, 2022, 41(3): 531 – 542.

[151] HATAMIZADEH A, TANG Y C, NATH V, et al. UNETR: Transformers for 3D medical image segmentation[C]//2022 IEEE/CVF Winter Conference on Applications of Computer Vision (WACV), January 3-8, 2022, Waikoloa, HI, USA. New York: IEEE, 2022: 1748 – 1758.

[152] JIN D K, GUO D Z, HO T Y, et al. Accurate esophageal gross tumor volume segmentation in PET/CT using two-stream chained 3D deep network fusion[M]//Lecture Notes in Computer Science. Cham: Springer International Publishing, 2019: 182 – 191.

[153] JIN D K, GUO D Z, HO T Y, et al. DeepTarget: gross tumor and clinical target volume segmentation in esophageal cancer radiotherapy[J]. Med Image Anal, 2021(68): 101909.

[154] YOUSEFI S, SOKOOTI H, ELMAHDY M S, et al. Esophageal tumor segmentation in CT images using a dilated dense attention unet (DDAUnet)[J]. IEEE Access, 2021(9): 99235 – 99248.

[155] YUE H L, LIU J, LI J J, et al. MLDRL: multi-loss disentangled representation learning for predicting esophageal cancer response to neoadjuvant chemoradiotherapy using longitudinal CT images[J]. Med Image Anal, 2022(79): 102423.

[156] LIN Z Y, CAI W J, HOU W T, et al. CT-guided survival prediction of esophageal cancer[J]. IEEE J Biomed Health Inform,

2022，26(6)：2660－2669.

[157] CHEN T，KORNBLITH S，NOROUZI M，et al. A simple framework for contrastive learning of visual representations[C]// International conference on machine learning，July 12-18，2020，Vienna，Austria. [S. l.]：PMLR，2020：1597－1607.

[158] WANG K P，ZHAN B，ZU C，et al. Semi-supervised medical image segmentation via a tripled-uncertainty guided mean teacher model with contrastive learning[J]. Med Image Anal，2022 (79)：102447.

[159] LIU Y S，WANG W，LUO G N，et al. A contrastive consistency semi-supervised left atrium segmentation model[J]. Comput Med Imag Graph，2022(99)：102092.

[160] QIN X B，ZHANG Z C，HUANG C Y，et al. U2-Net：going deeper with nested U-structure for salient object detection[J]. Pattern Recognit，2020(106)：107404.

[161] ACKERMANS L L G C，RABOU J，BASRAI M，et al. Screening，diagnosis and monitoring of sarcopenia：when to use which tool? [J]. Clin Nutr ESPEN，2022(48)：36－44.

[162] BRAMAN N，GORDON J W H，GOOSSENS E T，et al. Deep orthogonal fusion：multimodal prognostic biomarker discovery integrating radiology，pathology，genomic，and clinical data[M]// Lecture Notes in Computer Science. Cham：Springer International Publishing，2021：667－677.

[163] CHEN R J，LU M Y，WANG J W，et al. Pathomic fusion：an integrated framework for fusing histopathology and genomic features for cancer diagnosis and prognosis[J]. IEEE Trans Med Imag，2022，41(4)：757－770.

[164] CRUZ-JENTOFT A J，BAHAT G，BAUER J，et al. Sarcopenia：revised European consensus on definition and diagnosis[J]. Age and Ageing，2019，48(1)：16－31.

[165] CUBUK E D，ZOPH B，MANÉ D，et al. AutoAugment：learning augmentation strategies from data[C]//2019 IEEE/CVF Conference on Computer Vision and Pattern Recognition (CVPR)，June 15-20，

2019, Long Beach, CA, USA. New York: IEEE, 2019: 113 – 123.

[166] DODDS R M, GRANIC A, DAVIES K, et al. Prevalence and incidence of sarcopenia in the very old: findings from the Newcastle 85 + study [J]. J Cachexia Sarcopenia Muscle, 2017, 8 (2): 229 – 237.

[167] GIOVANNINI S, BRAU F, FORINO R, et al. Sarcopenia: diagnosis and management, state of the art and contribution of ultrasound[J]. J Clin Med, 2021, 10(23): 5552.

[168] OMEIZA D, SPEAKMAN S, CINTAS C, et al. Smooth grad-cam ++: an enhanced inference level visualization technique for deep convolutional neural network models [EB/OL]. [2024-07-17]. http://arxiv. org/pdf/1908. 01224.

[169] PANG B W J, WEE S L, LAU L K, et al. Prevalence and associated factors of sarcopenia in Singaporean adults: the yishun study[J]. J Am Med Dir Assoc, 2021, 22(4):1 – 10.

[170] RYU J, EOM S, KIM H C, et al. Chest X-ray-based opportunistic screening of sarcopenia using deep learning [J]. J Cachexia Sarcopenia Muscle, 2023, 14(1): 418 – 428.

[171] SHAFIEE G, KESHTKAR A, SOLTANI A, et al. Prevalence of sarcopenia in the world: a systematic review and meta-analysis of general population studies [J]. J Diabetes Metab Disord, 2017 (16): 21.

[172] VASWANI A, SHAZEER N, PARMAR N, et al. Attention is all you need[J]. NeurIPS, 2017(30):1717 – 1724.

[173] WANG X L, GIRSHICK R, GUPTA A, et al. Non-local neural networks[C]//2018 IEEE/CVF Conference on Computer Vision and Pattern Recognition, June 18-23, 2018, Salt Lake City, UT, USA. New York: IEEE, 2018: 7794 – 7803.

[174] YAN K, GUO Y C, LIU B. PreTP-2L: identification of therapeutic peptides and their types using two-layer ensemble learning framework[J]. Bioinformatics, 2023, 39(4): 125.

[175] AWAN R, SIRINUKUNWATTANA K, EPSTEIN D, et al. Glandular morphometrics for objective grading of colorectal

adenocarcinoma histology images[J]. Sci Rep, 2017, 7(1): 16852.

[176] KUMAR N, VERMA R, ANAND D, et al. A multi-organ nucleus segmentation challenge[J]. IEEE Trans Med Imag, 2020, 39(5): 1380 – 1391.

[177] LI X M, YU L Q, CHEN H, et al. Transformation-consistent self-ensembling model for semisupervised medical image segmentation [J]. IEEE Trans Neural Netw Learn Syst, 2021, 32(2): 523 – 534.

[178] LI Y X, CHEN J W, XIE X P, et al. Self-loop uncertainty: a novel pseudo-label for semi-supervised medical image segmentation[M]// Lecture Notes in Computer Science. Cham: Springer International Publishing, 2020: 614 – 623.

[179] OUALI Y, HUDELOT C, TAMI M. Semi-supervised semantic segmentation with cross-consistency training[C]//2020 IEEE/CVF Conference on Computer Vision and Pattern Recognition (CVPR), June 13-19, 2020, Seattle, WA, USA. New York: IEEE, 2020: 12671 – 12681.

[180] RAZA S E A, CHEUNG L, SHABAN M, et al. Micro-Net: a unified model for segmentation of various objects in microscopy images[J]. Med Image Anal, 2019(52): 160 – 173.

[181] SAHASRABUDHE M, CHRISTODOULIDIS S, SALGADO R, et al. Self-supervised nuclei segmentation in histopathological images using attention[M]//Lecture Notes in Computer Science. Cham: Springer International Publishing, 2020: 393 – 402.

[182] TARVAINEN A, VALPOLA H. Mean teachers are better role models: weight-averaged consistency targets improve semi-supervised deep learning results[EB/OL]. [2024-07-18]. https:// arxiv. org/abs/1703. 01780.

[183] VERMA V, KAWAGUCHI K, LAMB A, et al. Interpolation consistency training for semi-supervised learning[J]. Neural Netw, 2022(145): 90 – 106.

[184] VU T H, JAIN H, BUCHER M, et al. ADVENT: adversarial entropy minimization for domain adaptation in semantic segmentation[C]//2019 IEEE/CVF Conference on Computer Vision

and Pattern Recognition (CVPR)，June 15-20，2019，Long Beach，
CA，USA. New York：IEEE，2019：2512 – 2521.

[185] WANG Y X, ZHANG Y, TIAN J, et al. Double-uncertainty weighted method for semi-supervised learning[M]//Lecture Notes in Computer Science. Cham：Springer International Publishing，2020：542 – 551.

[186] XIA Y D, YANG D, YU Z D, et al. Uncertainty-aware multi-view co-training for semi-supervised medical image segmentation and domain adaptation[J]. Med Image Anal，2020(65)：101766.

[187] XIANG T G, ZHANG C Y, LIU D N, et al. BiO-net：learning recurrent bi-directional connections for encoder-decoder architecture [M]//Lecture Notes in Computer Science. Cham：Springer International Publishing，2020：74 – 84.

[188] XIE Y T, LU H, ZHANG J P, et al. Deep segmentation-emendation model for gland instance segmentation[M]//Lecture Notes in Computer Science. Cham：Springer International Publishing，2019：469 – 477.

[189] XIE Y T, ZHANG J P, LIAO Z B, et al. Pairwise relation learning for semi-supervised gland segmentation[M]//Lecture Notes in Computer Science. Cham：Springer International Publishing，2020：417 – 427.

[190] YU L Q, WANG S J, LI X M, et al. Uncertainty-aware self-ensembling model for semi-supervised 3D left atrium segmentation [M]//Lecture Notes in Computer Science. Cham：Springer International Publishing，2019：605 – 613.

[191] ZHOU Y N, ONDER O F, DOU Q, et al. CIA-net：robust nuclei instance segmentation with contour-aware information aggregation [M]//CHUNG A C S, GEE J C, YUSHKEVICH P A, et al. Lecture Notes in Computer Science. Cham：Springer International Publishing，2019：682 – 693.

[192] XU Y, LI Y, WANG Y P, et al. Gland instance segmentation using deep multichannel neural networks[J]. IEEE Trans Biomed Eng，2017，64(12)：2901 – 2912.

[193] LI X M, YU L Q, CHEN H, et al. Transformation-consistent self-ensembling model for semisupervised medical image segmentation [J]. IEEE Trans Neural Netw Learn Syst, 2021, 32(2): 523 - 534.

[194] JIN Q G, CUI H, SUN C M, et al. Semi-supervised histological image segmentation via hierarchical consistency enforcement[M]// Lecture Notes in Computer Science. Cham: Springer Nature Switzerland, 2022: 3 - 13.

[195] LI K, WANG S J, YU L Q, et al. Dual-teacher: integrating intra-domain and inter-domain teachers for annotation-efficient cardiac segmentation[M]//Lecture Notes in Computer Science. Cham: Springer International Publishing, 2020: 418 - 427.

[196] XIANG T G, ZHANG C Y, WANG X Y, et al. Towards bi-directional skip connections in encoder-decoder architectures and beyond[J]. Med Image Anal, 2022(78): 102420.

[197] CHEN J Z, HUANG Q, CHEN Y L, et al. Enhancing nucleus segmentation with HARU-net: a hybrid attention based residual U-blocks network [EB/OL]. [2024-07-18]. https://arxiv.org/pdf/2308.03382v1.

[198] YANG Y L, DASMAHAPATRA S, MAHMOODI S. ADS_UNet: a nested UNet for histopathology image segmentation[J]. Expert Syst Appl, 2023(226): 120128.

[199] GAO Y H, ZHOU M, LIU D, et al. A data-scalable transformer for medical image segmentation: architecture, model efficiency, and benchmark [EB/OL]. [2024-07-17]. http://arxiv.org/pdf/2203.00131.

[200] CHEN X K, YUAN Y H, ZENG G, et al. Semi-supervised semantic segmentation with cross pseudo supervision [C]//2021 IEEE/CVF Conference on Computer Vision and Pattern Recognition (CVPR), June 20-25, 2021, Nashville, TN, USA. New York: IEEE, 2021: 2613 - 2622.

[201] LUO X D, WANG G T, LIAO W J, et al. Semi-supervised medical image segmentation via uncertainty rectified pyramid consistency [J]. Med Image Anal, 2022(80): 102517.

[202] WU Y C, GE Z Y, ZHANG D H, et al. Mutual consistency learning for semi-supervised medical image segmentation[J]. Med Image Anal, 2022(81): 102530.

[203] CHEN L C, PAPANDREOU G, KOKKINOS I, et al. DeepLab: semantic image segmentation with deep convolutional nets, atrous convolution, and fully connected CRFs[J]. IEEE Trans Pattern Anal Mach Intell, 2018, 40(4): 834-848.

[204] LI H C, XIONG P F, FAN H Q, et al. DFANet: deep feature aggregation for real-time semantic segmentation[C]//2019 IEEE/CVF Conference on Computer Vision and Pattern Recognition (CVPR), June 15-20, 2019, Long Beach, CA, USA. New York: IEEE, 2019: 9514-9523.

[205] HE K M, ZHANG X Y, REN S Q, et al. Delving deep into rectifiers: surpassing human-level performance on ImageNet classification[C]//2015 IEEE International Conference on Computer Vision (ICCV), December 7-13, 2015, Santiago, Chile. New York: IEEE, 2015: 1026-1034.

[206] IOFFE S, SZEGEDY C. Batch normalization: accelerating deep network training by reducing internal covariate shift[J]. Mach Learn ICML, 2015(1): 448-456.

[207] LIU D N, ZHANG D H, SONG Y, et al. Nuclei segmentation via a deep panoptic model with semantic feature fusion[C]//Proceedings of the Twenty-Eighth International Joint Conference on Artificial Intelligence, August 10-16, 2019. Macao, China. California: International Joint Conferences on Artificial Intelligence Organization, 2019: 861-868.

[208] CHEN H, QI X J, YU L Q, et al. DCAN: deep contour-aware networks for accurate gland segmentation[C]//2016 IEEE Conference on Computer Vision and Pattern Recognition (CVPR), June 27-30, 2016, Las Vegas, NV, USA. New York: IEEE, 2016: 2487-2496.

[209] XIE Y T, LU H, ZHANG J P, et al. Deep segmentation-emendation model for gland instance segmentation[M]//Lecture

Notes in Computer Science. Cham: Springer International Publishing, 2019: 469 – 477.

[210] MEHTA R, SIVASWAMY J. M-net: a convolutional Neural Network for deep brain structure segmentation[C]//2017 IEEE 14th International Symposium on Biomedical Imaging (ISBI 2017), April 18-21, 2017, Melbourne, VIC, Australia. New York: IEEE, 2017: 437 – 440.

[211] ALOM M Z, YAKOPCIC C, TAHA T M, et al. Nuclei segmentation with recurrent residual convolutional neural networks based U-net (R2U-net)[C]//NAECON 2018: IEEE National Aerospace and Electronics Conference, July 23-26, 2018, Dayton, OH, USA. New York: IEEE, 2018: 228 – 233.

[212] CHAURASIA A, CULURCIELLO E. LinkNet: Exploiting encoder representations for efficient semantic segmentation[C]//2017 IEEE Visual Communications and Image Processing (VCIP), December 10-13, 2017, St. Petersburg, FL, USA. New York: IEEE, 2017: 1 – 4.

[213] ROBINSON R, DOU Q, COELHO DE CASTRO D, et al. Image-level harmonization of multi-site data using image-and-spatial transformer networks[M]//Lecture Notes in Computer Science. Cham: Springer International Publishing, 2020: 710 – 719.

[214] ABRÀMOFF M D, LAVIN P T, BIRCH M, et al. Pivotal trial of an autonomous AI-based diagnostic system for detection of diabetic retinopathy in primary care offices[J]. NPJ Digit Med, 2018 (1): 39.

[215] DOU Q, OUYANG C, CHEN C, et al. PnP-AdaNet: plug-and-play adversarial domain adaptation network at unpaired cross-modality cardiac segmentation[J]. IEEE Access, 2019 (7): 99065 – 99076.

[216] CHEN Y C, LIN Y, YANG M H, et al. CrDoCo: pixel-level domain transfer with cross-domain consistency[C]//2019 IEEE/CVF Conference on Computer Vision and Pattern Recognition (CVPR), June 15-20, 2019, Long Beach, CA, USA. New York:

IEEE，2019：1791－1800.

[217] ZHANG Y H，QIU Z F，YAO T，et al. Fully convolutional adaptation networks for semantic segmentation[C]//2018 IEEE/CVF Conference on Computer Vision and Pattern Recognition，June 18-23，2018，Salt Lake City，UT，USA. New York：IEEE，2018：6810－6818.

[218] CHEN C，DOU Q，CHEN H，et al. Unsupervised bidirectional cross-modality adaptation via deeply synergistic image and feature alignment for medical image segmentation[J]. IEEE Trans Med Imag，2020，39(7)：2494－2505.

[219] ZHU Q K，DU B，YAN P K. Boundary-weighted domain adaptive neural network for prostate MR image segmentation[J]. IEEE Trans Med Imag，2020，39(3)：753－763.

[220] WANG Z M，DU B，GUO Y H. Domain adaptation with neural embedding matching[J]. IEEE Trans Neural Netw Learn Syst，2020，31(7)：2387－2397.

[221] WANG G T，LIU X L，LI C P，et al. A noise-robust framework for automatic segmentation of COVID-19 pneumonia lesions from CT images[J]. IEEE Trans Med Imag，2020，39(8)：2653－2663.

[222] LUO Y W，ZHENG L，GUAN T，et al. Taking a closer look at domain shift：category-level adversaries for semantics consistent domain adaptation[C]//2019 IEEE/CVF Conference on Computer Vision and Pattern Recognition (CVPR)，June 15-20，2019，Long Beach，CA，USA. New York：IEEE，2019：2502－2511.

[223] YU F，KOLTUN V，FUNKHOUSER T. Dilated residual networks[C]//2017 IEEE Conference on Computer Vision and Pattern Recognition (CVPR)，July 21-26，2017，Honolulu，HI，USA. New York：IEEE，2017：636－644.

[224] ZHOU Z H，LI M. Tri-training：exploiting unlabeled data using three classifiers[J]. IEEE Trans Knowl Data Eng，2005，17(11)：1529－1541.

[225] XIE Y T，ZHANG J P，XIA Y，et al. A mutual bootstrapping model for automated skin lesion segmentation and classification[J].

IEEE Trans Med Imag, 2020, 39(7): 2482 - 2493.

[226] LEE C Y, XIE S N, GALLAGHER P, et al. Deeply-supervised nets[C]//Artificial intelligence and statistics, May 9-12, 2015, San Diego, California, USA. [S. l.]: PMLR, 2015: 562 - 570.

[227] MA J, WANG Y X, AN X L, et al. Towards efficient COVID-19 CT annotation: a benchmark for lung and infection segmentation [EB/OL]. [2024-07-17]. http://arxiv. org/pdf/2004. 12537.

[228] MOROZOV S, ANDREYCHENKO A, PAVLOV N, et al. MosMedData: chest CT scans with COVID-19 related findings dataset[EB/OL]. [2024-07-17]. http://arxiv. org/pdf/2005. 06465.

[229] PASZKE A, GROSS S, CHINTALA S, et al. Automatic differentiation in PyTorch [C]//NIPS-W, December 4-9, 2017, Long Beach, California, USA. Cambridge: MIT Press, 2017: 493 - 509.

[230] TAHA A A, HANBURY A. An efficient algorithm for calculating the exact Hausdorff distance[J]. IEEE Trans Pattern Anal Mach Intell, 2015, 37(11): 2153 - 2163.

[231] TSAI Y H, HUNG W C, SCHULTER S, et al. Learning to adapt structured output space for semantic segmentation[C]//2018 IEEE/ CVF Conference on Computer Vision and Pattern Recognition, June 18-23, 2018, Salt Lake City, UT, USA. New York: IEEE, 2018: 7472 - 7481.

[232] BI W L, HOSNY A, SCHABATH M B, et al. Artificial intelligence in cancer imaging: clinical challenges and applications [J]. CA A Cancer J Clin, 2019, 69(2): 127 - 157.

[233] FERLAY J, SHIN H R, BRAY F, et al. Estimates of worldwide burden of cancer in 2008: GLOBOCAN 2008[J]. Int J Cancer, 2010, 127(12): 2893 - 2917.

[234] TAHMID M, ALAM M S, RAO N, et al. Image-to-image translation with conditional adversarial networks[C]//2023 IEEE 9th International Women in Engineering (WIE) Conference on Electrical and Computer Engineering (WIECON-ECE), November

25-26，2023，Thiruvananthapuram，India. New York：IEEE，2023：1－5.

[235] WU E, WU K, COX D, et al. Conditional infilling GANs for data augmentation in mammogram classification[C]//Image Analysis for Moving Organ, Breast, and Thoracic Images：Third International Workshop, RAMBO 2018, Fourth International Workshop, BIA 2018, and First International Workshop, TIA 2018, Held in Conjunction with MICCAI 2018, Granada, Spain, September 16-20, 2018. Berlin：Springer International Publishing, 2018：98－106.

[236] HAN C, RUNDO L, ARAKI R, et al. Combining noise-to-image and image-to-image GANs：brain MR image augmentation for tumor detection[J]. IEEE Access, 2019(7)：156966－156977.

[237] YU J H, LIN Z, YANG J M, et al. Free-form image inpainting with gated convolution [C]//2019 IEEE/CVF International Conference on Computer Vision (ICCV), October 27-November 2, 2019, Seoul, Korea (South). New York： IEEE, 2019：4470－4479.

[238] LIU G L, REDA F A, SHIH K J, et al. Image inpainting for irregular holes using partial convolutions[M]//Lecture Notes in Computer Science. Cham：Springer International Publishing, 2018：89－105.

[239] LIU Y, CHENG M M, HU X W, et al. Richer convolutional features for edge detection[C]//IEEE Transactions on Pattern Analysis and Machine Intelligence, October 31, 2018. New York：IEEE, 2019：1939－1946.

[240] HAN C, HAYASHI H, RUNDO L, et al. GAN-based synthetic brain MR image generation[C]//2018 IEEE 15th International Symposium on Biomedical Imaging (ISBI 2018), April 4-7, 2018, Washington, D.C., USA. New York：IEEE, 2018：734－738.

[241] GATYS L A, ECKER A S, BETHGE M. A neural algorithm of artistic style [EB/OL]. [2024-07-17]. http://arxiv. org/pdf/1508. 06576.

［242］ PATHAK D，KRÄHENBÜHL P，DONAHUE J，et al. Context encoders：feature learning by inpainting［C］//2016 IEEE Conference on Computer Vision and Pattern Recognition (CVPR)，June 27-30，2016，Las Vegas，NV，USA. New York：IEEE，2016：2536 – 2544.

［243］ NAZERI K，NG E，JOSEPH T，et al. EdgeConnect：generative image inpainting with adversarial edge learning［EB/OL］. ［2024-07-17］. http://arxiv. org/pdf/1901. 00212.

［244］ BILIC P，CHRIST P，LI H B，et al. The liver tumor segmentation benchmark (LiTS)［J］. Med Image Anal，2023(84)：102680.

［245］ HELLER N，SATHIANATHEN N，KALAPARA A，et al. The KiTS19 challenge data：300 kidney tumor cases with clinical context，CT semantic segmentations，and surgical outcomes［EB/OL］. ［2024-07-17］. http://arxiv. org/pdf/1904. 00445.

［246］ SETIO A A A，TRAVERSO A，DE BEL T，et al. Validation，comparison，and combination of algorithms for automatic detection of pulmonary nodules in computed tomography images：the LUNA16 challenge［J］. Med Image Anal，2017(42)：1 – 13.

［247］ KAMNITSAS K，LEDIG C，NEWCOMBE V F J，et al. Efficient multi-scale 3D CNN with fully connected CRF for accurate brain lesion segmentation［J］. Med Image Anal，2017(36)：61 – 78.

［248］ HOSSAM M M，HASSANIEN A E，SHOMAN M. 3D brain tumor segmentation scheme using K-mean clustering and connected component labeling algorithms ［C］//2010 10th International Conference on Intelligent Systems Design and Applications，November 29-December 1，2010，Cairo，Egypt. New York：IEEE，2010：320 – 324.

［249］ CHANG Y L，LIU Z Y，LEE K Y，et al. Free-form video inpainting with 3D gated convolution and temporal PatchGAN［C］//2019 IEEE/CVF International Conference on Computer Vision (ICCV)，October 27-November 2，2019，Seoul，Korea (South). New York：IEEE，2019：9065-9074.

[250] SIMONYAN K, ZISSERMAN A. Very deep convolutional networks for large-scale image recognition[EB/OL]. [2024-07-18]. http://arxiv.org/pdf/1409.1556.

[251] FRENCH G, MACKIEWICZ M, FISHER M. Self-ensembling for visual domain adaptation[EB/OL]. [2024-07-17]. http://arxiv.org/pdf/1706.05208.

[252] CHEN J, WU L L, ZHANG J, et al. Deep learning-based model for detecting 2019 novel coronavirus pneumonia on high-resolution computed tomography[J]. Sci Rep, 2020, 10(1): 19196.

[253] ZHU N, ZHANG D Y, WANG W L, et al. A novel coronavirus from patients with pneumonia in China, 2019[J]. N Engl J Med, 2020, 382(8): 727 – 733.

[254] AI T, YANG Z L, HOU H Y, et al. Correlation of chest CT and RT-PCR testing for coronavirus disease 2019 (COVID-19) in China: a report of 1014 cases[J]. Radiology, 2020, 296(2): 32 – 40.

[255] LI L, QIN L, XU Z, et al. Artificial intelligence distinguishes COVID-19 from community acquired pneumonia on chest CT[J]. Radiology, 2020(147): 200905.

[256] WANG D W, HU B, HU C, et al. Clinical characteristics of 138 hospitalized patients with 2019 novel coronavirus-infected pneumonia in Wuhan, China [J]. JAMA, 2020, 323 (11): 1061 – 1069.

[257] BENTAIEB A, HAMARNEH G. Adversarial stain transfer for histopathology image analysis[J]. IEEE Trans Med Imag, 2018, 37(3): 792 – 802.

[258] MAATEN L V D, HINTON G. Visualizing data using t-SNE[J]. Journal of Machine Learning Research, 2008, 9(11): 1901 – 1915.

[259] HINTON G, VINYALS O, DEAN J. Distilling the knowledge in a neural network [EB/OL]. [2024-07-17]. http://arxiv.org/pdf/1503.02531.

[260] KANNE J P, LITTLE B P, CHUNG J H, et al. Essentials for radiologists on COVID-19: an update-Radiology scientific expert

panel[J]. Radiology, 2020, 296(2): 113 – 114.

[261] QI C R, YI L, SU H, et al. Pointnet++: deep hierarchical feature learning on point sets in a metric space[J]. NeurIPS, 2017(30): 47 – 53.

[262] ZLOCHA M, DOU Q, GLOCKER B. Improving RetinaNet for CT lesion detection with dense masks from weak RECIST labels[M]// Lecture Notes in Computer Science. Cham: Springer International Publishing, 2019: 402 – 410.

[263] DOU Q, LIU Q D, HENG P A, et al. Unpaired multi-modal segmentation via knowledge distillation[J]. IEEE Trans Med Imag, 2020, 39(7): 2415 – 2425.

[264] SIRINUKUNWATTANA K, PLUIM J P W, CHEN H, et al. Gland segmentation in colon histology images: the glas challenge contest[J]. Med Image Anal, 2017(35): 489 – 502.

[265] LI X M, YU L Q, CHEN H, et al. Semi-supervised skin lesion segmentation via transformation consistent self-ensembling model [EB/OL]. [2024-07-17]. http://arxiv.org/pdf/1808.03887.

[266] NAYLOR P, LAÉ M, REYAL F, et al. Segmentation of nuclei in histopathology images by deep regression of the distance map[J]. IEEE Trans Med Imag, 2019, 38(2): 448 – 459.

[267] DING H J, PAN Z P, CEN Q, et al. Multi-scale fully convolutional network for gland segmentation using three-class classification[J]. Neurocomputing, 2020(380): 150 – 161.

[268] YU B T, ZHOU L P, WANG L, et al. 3D cGAN based cross-modality MR image synthesis for brain tumor segmentation[C]// 2018 IEEE 15th International Symposium on Biomedical Imaging (ISBI 2018), April 4-7, 2018, Washington, D. C. , USA. New York: IEEE, 2018: 626 – 630.

[269] CORDIER N, DELINGETTE H, LÊM, et al. Extended modality propagation: image synthesis of pathological cases[J]. IEEE Trans Med Imag, 2016, 35(12): 2598 – 2608.

[270] ARMATO S G, MCLENNAN G, BIDAUT L, et al. The lung

image database consortium (LIDC) and image database resource initiative (IDRI): a completed reference database of lung nodules on CT scans[J]. Med Phys, 2011, 38(2): 915 – 931.

[271] WANG X S, PENG Y F, LU L, et al. ChestX-Ray8: hospital-scale chest X-ray database and benchmarks on weakly-supervised classification and localization of common thorax diseases[C]//2017 IEEE Conference on Computer Vision and Pattern Recognition (CVPR), July 21-26, 2017, Honolulu, HI, USA. New York: IEEE, 2017: 3462 – 3471.

[272] LI X M, CHEN H, QI X J, et al. H-DenseUNet: hybrid densely connected UNet for liver and tumor segmentation from CT volumes [J]. IEEE Trans Med Imag, 2018, 37(12): 2663 – 2674.

[273] RAVÌ D, WONG C, DELIGIANNI F, et al. Deep learning for health informatics[J]. IEEE J Biomed Health Inform, 2017, 21(1): 4 – 21.

[274] YU A, GRAUMAN K. Semantic jitter: dense supervision for visual comparisons via synthetic images [C]//2017 IEEE International Conference on Computer Vision (ICCV), October 22-29, 2017, Venice, Italy. New York: IEEE, 2017: 5571 – 5580.

[275] PENG X, TANG Z Q, YANG F, et al. Jointly optimize data augmentation and network training: adversarial data augmentation in human pose estimation [C]//2018 IEEE/CVF Conference on Computer Vision and Pattern Recognition, June 18-23, 2018, Salt Lake City, UT, USA. New York: IEEE, 2018: 2226 – 2234.

[276] PÓKA K B, SZEMENYEI M. Data augmentation powered by generative adversarial networks[EB/OL]. [2024-07-17]. http://arxiv.org/pdf/1711.04340.

[277] GOODFELLOW I, POUGET-ABADIE J, MIRZA M, et al. Generative adversarial nets[EB/OL]. [2024-07-17]. https://arxiv.org/pdf/2306.15696.

[278] ZHOU N Y, YU X X, ZHAO T H, et al. Evaluation of nucleus segmentation in digital pathology images through large scale image

synthesis[C]//Medical Imaging 2017: Digital Pathology. Orlando, Florida, USA, Washington, D. C. : SPIE, 2017: 137 – 139.

[279] CHARTSIAS A, JOYCE T, GIUFFRIDA M V, et al. Multimodal MR synthesis via modality-invariant latent representation[J]. IEEE Trans Med Imag, 2018, 37(3): 803 – 814.

[280] SHIN H C, TENENHOLTZ N A, ROGERS J K, et al. Medical image synthesis for data augmentation and anonymization using generative adversarial networks[M]//GOOYA A, GOKSEL O, OGUZ I, et al. Lecture Notes in Computer Science. Cham: Springer International Publishing, 2018: 1 – 11.

[281] BAUR C, ALBARQOUNI S, NAVAB N. MelanoGANs: high resolution skin lesion synthesis with GANs[EB/OL]. [2024-07-17]. http://arxiv. org/pdf/1804. 04338.

[282] NIE D, TRULLO R, LIAN J, et al. Medical image synthesis with deep convolutional adversarial networks[J]. IEEE Trans Biomed Eng, 2018, 65(12): 2720 – 2730.

[283] BAKAS S, AKBARI H, SOTIRAS A, et al. Advancing the Cancer Genome Atlas glioma MRI collections with expert segmentation labels and radiomic features[J]. Sci Data, 2017(4): 170117.

[284] RADFORD A, METZ L, CHINTALA S. Unsupervised representation learning with deep convolutional generative adversarial networks[EB/OL]. [2024-07-17]. http://arxiv. org/pdf/1511. 06434.

[285] WANG F, JIANG M Q, QIAN C, et al. Residual attention network for image classification[C]//2017 IEEE Conference on Computer Vision and Pattern Recognition (CVPR), July 21-26, 2017, Honolulu, HI, USA. New York: IEEE, 2017: 6450 – 6458.

[286] WU W W, ZHOU Z H, WU S C, et al. Automatic liver segmentation on volumetric CT images using supervoxel-based graph cuts[J]. Comput Math Methods Med, 2016(B): 9093721.

[287] WANG Z, BOVIK A C, SHEIKH H R, et al. Image quality assessment: from error visibility to structural similarity[J]. IEEE

Trans Image Process，2004，13（4）：600－612.

［288］ CHANG Y L，LIU Z Y，LEE K Y，et al. Learnable gated temporal shift module for deep video inpainting［EB/OL］.［2024-07-17］. http：//arxiv. org/pdf/1907. 01131.

［289］ ZHANG J P，XIE Y T，LI Y，et al. Covid-19 screening on chest X-ray images using deep learning based anomaly detection［EB/OL］.［2024-07-17］. http：//arxiv. org/pdf/2003. 12338.

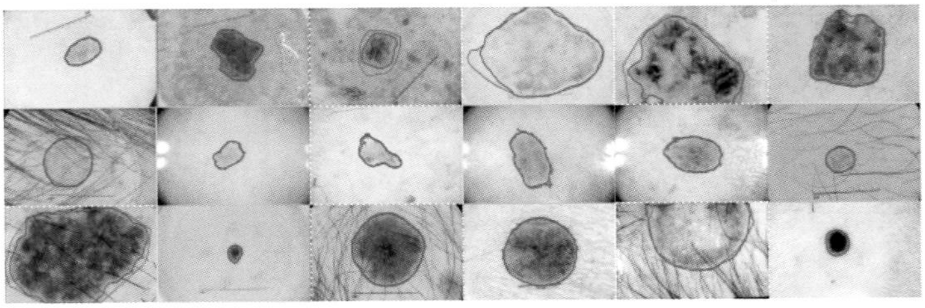

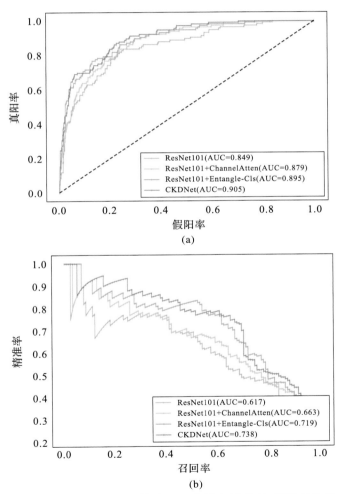

图 3-6　黑色素瘤(MEL)、脂溢性角化病(SBK)和痣(NEV)的分割结果

(a)

(b)

图 3-7　验证模块功能的AUC曲线和精确率-召回率曲线
(a)AUC曲线；　(b)精确率-召回率曲线

ResNet101   ResNet101+ChannelAtten

CKDNet

图 3-8 *t*-SNE可视化三种分类方法提取的高阶特征

原始图 RootSeg-Net ResNet101 ResNet101+
ChannelAtten CKDNet

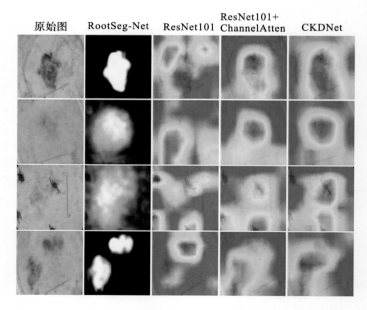

图 3-9 RootSeg-Net粗糙分割结果与各个模型的CAM可视化

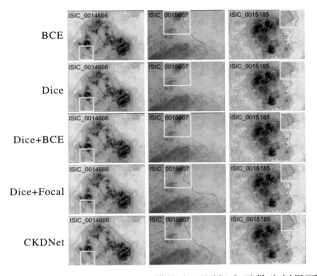

图 3-10　Entangle-Seg模块和不同损失函数分割果可视化

图 3-11　参数设定实验结果

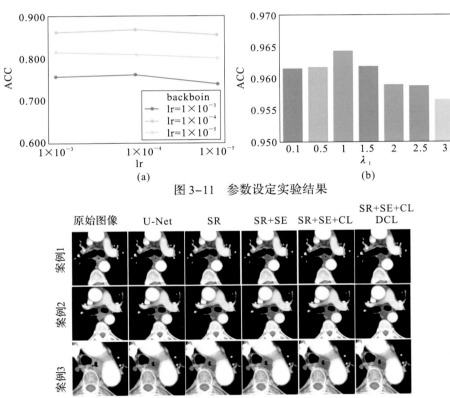

图 4-2　SCDSNet的消融分割结果

注：蓝色区域表示正确分割的ET肿瘤，红色区域为假阴性预测。

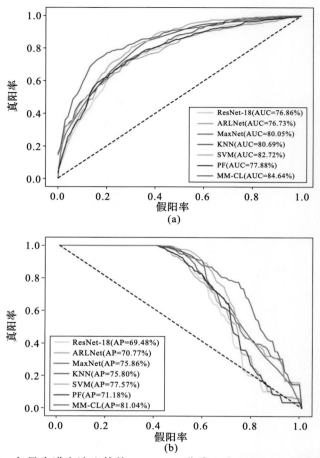

(a)

(b)

图 5-2　与最先进方法比较的AUC-ROC曲线(a)和Precision-Recall曲线(b)

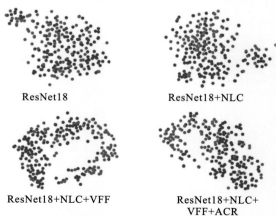

ResNet18　　　　　　　ResNet18+NLC

ResNet18+NLC+VFF　　　ResNet18+NLC+
　　　　　　　　　　　　VFF+ACR

图 5-3　使用t-SNE对高级特征的视觉解释
注:红色和蓝色圆圈分别表示骨骼肌减少症和非骨骼肌减少症实例。

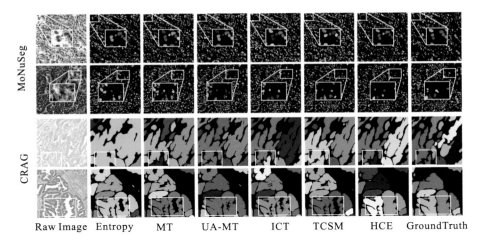

Raw Image　Entropy　MT　UA-MT　ICT　TCSM　HCE　GroundTruth

图6-2　使用HCE和其他SSL方法以及5%/10%标记数据
在MoNuSeg/CRAG数据集上的分割结果
注：每个数据集的第一/第二行由5%/10%标记样本组成。

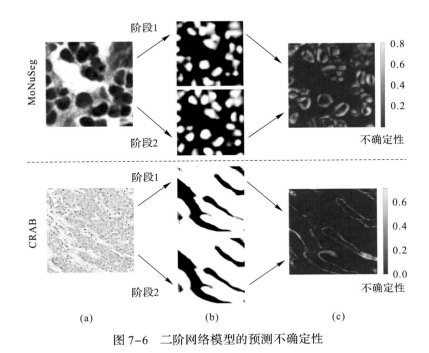

(a)　　　　　(b)　　　　　(c)

图7-6　二阶网络模型的预测不确定性

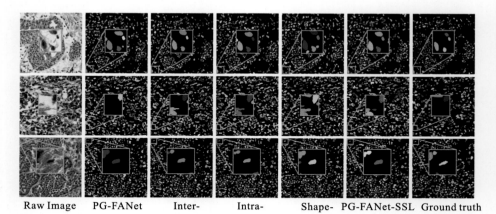

Raw Image　　PG-FANet　　Inter-　　Intra-　　Shape-　PG-FANet-SSL　Ground truth

图 7-7　使用5%标记数据对PG-FANet-SSL中每个附加组件的
MoNuSeg数据集进行分割的结果

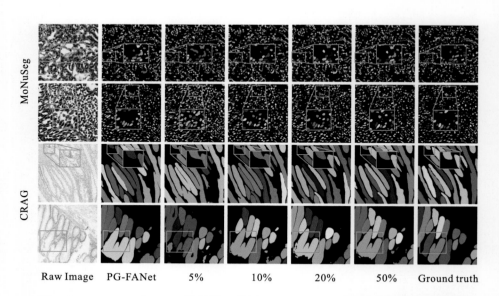

Raw Image　　PG-FANet　　5%　　　10%　　　20%　　　50%　　Ground truth

图 7-8　MoNuSeg和CRAG数据集上使用5%, 10%, 20%, 50%数据分割的结果图

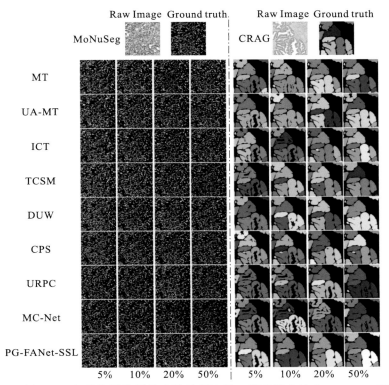

图7-9　与其他最先进的方法结果比较，笔者的方法在MoNuSeg和GRAC
数据集上取得代表性的分割结果

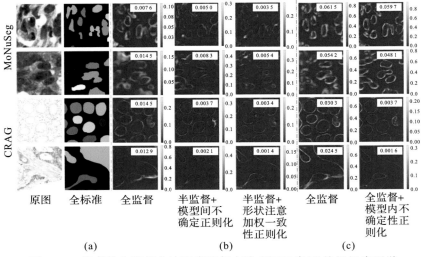

原图	全标准	全监督	半监督+ 模型间不 确定正则化	半监督+ 形状注意 加权一致 性正则化	全监督	全监督+ 模型内不 确定性正 则化
		(a)		(b)		(c)

图7-10　笔者的全监督方法和半监督方法(用SSL表示)的组织病理学
图像、基础真值、内部和内部不确定性

(a)输入和全标准；　(b)模型词不确定性正则化；　(c)模型内确定性正则化

注:红色的平均预测方差分数显示了物体边界附近的不一致性。值得注意的是，教师和
学生模型之间的不确定性在(b)中，而两阶段网络之间的不确定性在(c)中。

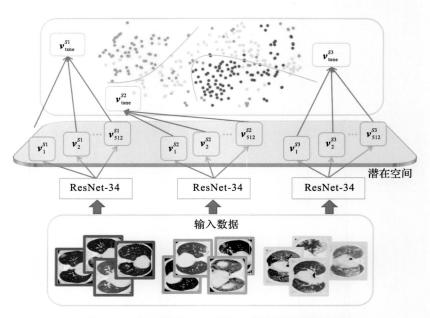

图 8-1　新型冠状病毒数据中存在的域漂移问题

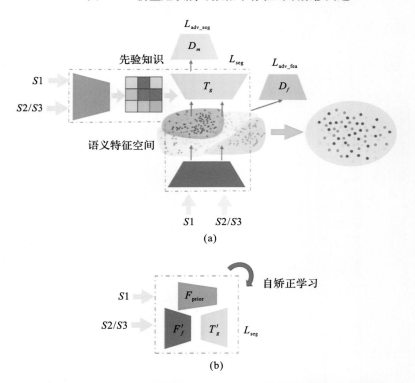

(a)

(b)

图 8-2　先验知识驱动下的域适应和双域增强自矫正学习模式
(a)先验知识驱动下的域适应;　(b)双域增强自校正学习

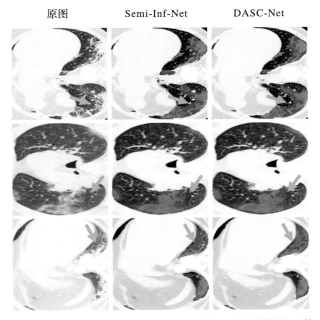

图 8-5　Semi-Inf-Net与DASC-Net的三个分割结果比较

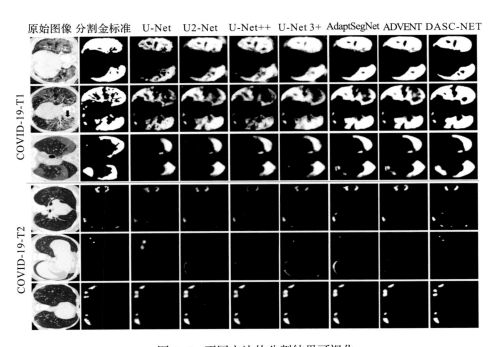

图 8-6　不同方法的分割结果可视化

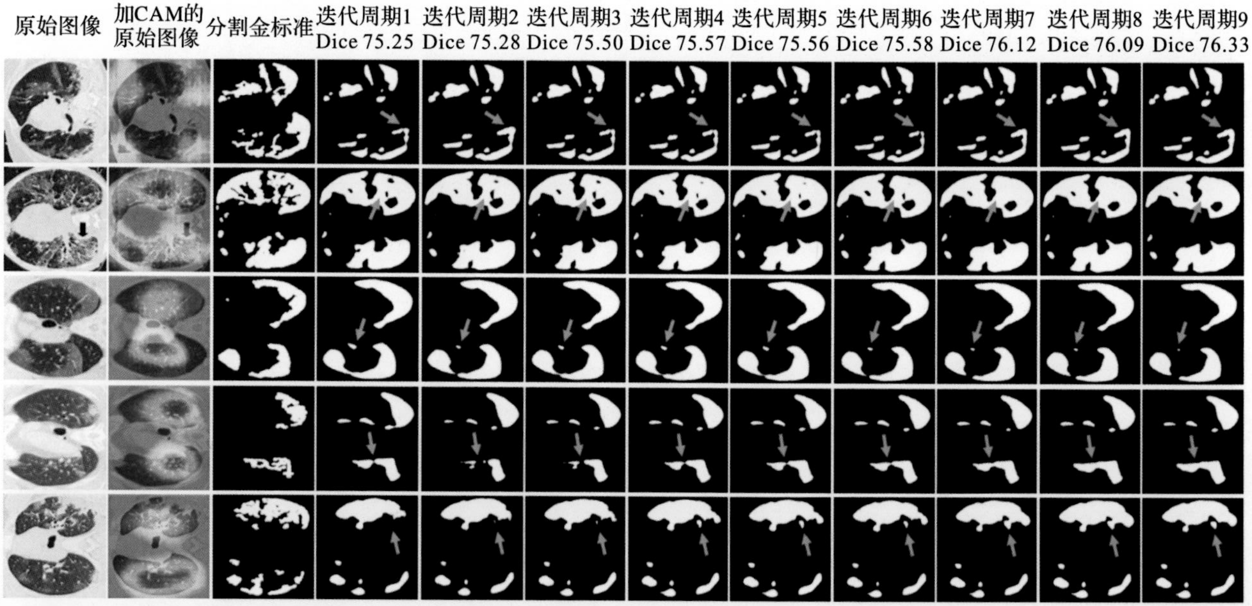

原始图像　加CAM的　分割金标准　迭代周期1　迭代周期2　迭代周期3　迭代周期4　迭代周期5　迭代周期6　迭代周期7　迭代周期8　迭代周期9
　　　　　原始图像　　　　　　Dice 75.25　Dice 75.28　Dice 75.50　Dice 75.57　Dice 75.56　Dice 75.58　Dice 76.12　Dice 76.09　Dice 76.33

图8-7　COVID-19-T1数据上9次迭代周期下的分割结果比较

10

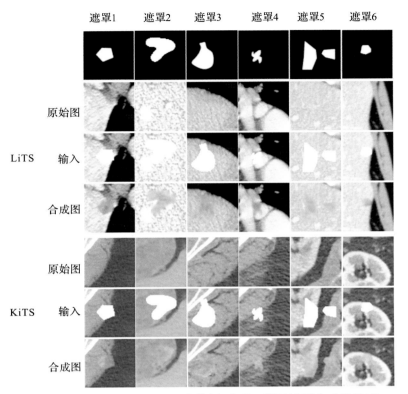

图 9-4 LiTS和KiTS中使用6个手工设计遮罩生成的肿瘤

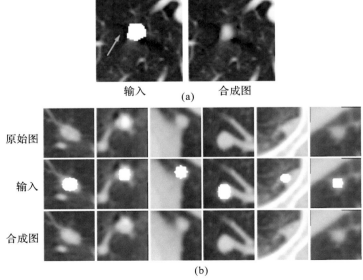

图 9-5 LUNA数据集上合成肺结节效果

(a)周围无有效信息的合成案例; (b)LUNA测试集上合成案例

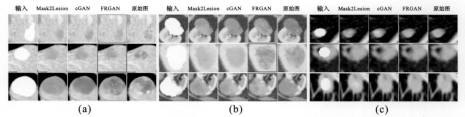

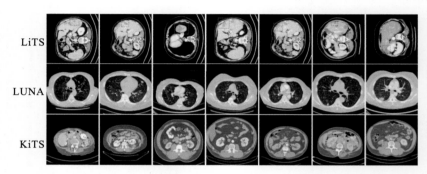

图 9-6　不同方法在LiTS,KiTS和LUNA测试数据集上合成效果对比
(a)LiTS;　(b)KiTS;　(c)LUNA

图 9-7　FRGAN合成的肿瘤在LiTS,KiTS和LUNA原CT图上效果示例

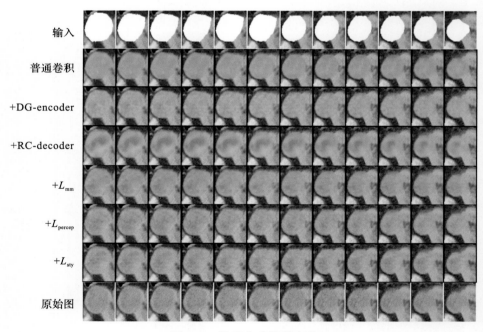

图 9-8　肿瘤合成消融实验